T0208463

essentials

essentials liefern aktuelles Wissen in konzentrierter Form. Die Essenz dessen, worauf es als „State-of-the-Art" in der gegenwärtigen Fachdiskussion oder in der Praxis ankommt. *essentials* informieren schnell, unkompliziert und verständlich

- als Einführung in ein aktuelles Thema aus Ihrem Fachgebiet
- als Einstieg in ein für Sie noch unbekanntes Themenfeld
- als Einblick, um zum Thema mitreden zu können

Die Bücher in elektronischer und gedruckter Form bringen das Expertenwissen von Springer-Fachautoren kompakt zur Darstellung. Sie sind besonders für die Nutzung als eBook auf Tablet-PCs, eBook-Readern und Smartphones geeignet. *essentials:* Wissensbausteine aus den Wirtschafts-, Sozial- und Geisteswissenschaften, aus Technik und Naturwissenschaften sowie aus Medizin, Psychologie und Gesundheitsberufen. Von renommierten Autoren aller Springer-Verlagsmarken.

Weitere Bände in dieser Reihe http://www.springer.com/series/13088

Fabian Ebner
Linda Anna Michelle Gehre
Claudia Tallian

Naturstoffe und Biochemie

Ein Überblick für Chemiker und Biotechnologen

 Springer Spektrum

Fabian Ebner
Ruprecht-Karls-Universität Heidelberg
Heidelberg, Deutschland

Claudia Tallian
Universität für Bodenkultur
Wien, Österreich

Linda Anna Michelle Gehre
Universität Leipzig
Leipzig, Deutschland

ISSN 2197-6708   ISSN 2197-6716   (electronic)
essentials
ISBN 978-3-658-15438-7   ISBN 978-3-658-15439-4   (eBook)
DOI 10.1007/978-3-658-15439-4

Die Deutsche Nationalbibliothek verzeichnet diese Publikation in der Deutschen Nationalbibliografie; detaillierte bibliografische Daten sind im Internet über http://dnb.d-nb.de abrufbar.

Springer Spectrum
© Springer Fachmedien Wiesbaden 2017

Gedruckt auf säurefreiem und chlorfrei gebleichtem Papier

Springer Spektrum ist Teil von Springer Nature
Die eingetragene Gesellschaft ist Springer Fachmedien Wiesbaden GmbH
Die Anschrift der Gesellschaft ist: Abraham-Lincoln-Str. 46, 65189 Wiesbaden, Germany

Was Sie in diesem *essential* finden können

- Eine grundlegende Einführung in die Chemie der Biomoleküle, beginnend mit den Kohlenhydraten, über die Aminosäuren, bis hin zu den Nukleinsäuren
- Einen kurzen Einblick in die Funktionsweise der Proteinbiosynthese
- Einen Überblick, über das komplexe Kapitel der Lipide, sowie über deren Reaktionen, den biologisch relevanten Derivaten und der zugehörigen Analytik
- Die Chemie der Terpene und deren Vorkommen in der Natur
- Einen Auszug aus den chemischen Strukturen und dem Vorkommen der Farbstoffe anhand von ausgewählten Beispielen

Vorwort

In allen lebenden Organismen herrscht ein komplexes Zusammenspiel unterschiedlicher Vorgänge und Prozesse. Diese können in erster Näherung auf die Interaktion chemischer Verbindungen zurückgeführt werden. Aus diesem Grund ist es wichtig, die grundlegenden Prinzipien und Wechselwirkungen dieser zu verstehen, um in weiterer Folge die Vernetzungen zwischen Anabolismus, Katabolismus und Sekundärstoffwechsel nachvollziehen zu können. Dieses *essential* gibt einen Überblick über die chemischen Grundlagen der Naturstoffe und die Biochemie. Voraussetzung zum leichteren Verständnis der Inhalte sind grundlegende Kenntnisse im Fachgebiet der organischen Chemie. Es werden ausgewählte Stoffklassen mit ihren biologischen und chemischen Funktionen, sowie deren Reaktionen und Synthese diskutiert. Als StudentInnen ist es uns dabei ein persönliches Anliegen, dieses Wissen in einem kompakten und leicht zu erfassenden Stil darzustellen, sodass eine fundierte Basis für ein tieferes Verständnis gelegt werden kann. Das vermittelte Wissen und die zur Erstellung dieses *essentials* verwendeten Fakten wurden unter anderem aus verschiedenen Lehrbüchern und Fachbüchern zusammengestellt und werden im Zuge der jeweiligen Kapitelüberschriften explizit genannt.

Wien, Österreich   Claudia Tallian

Inhaltsverzeichnis

Einleitung

1

Der Begriff „Biochemie" stammt vom Griechischen „biochemeia" ab und bedeutet übersetzt „die Chemie des Lebens". Bereits im frühen 19. Jahrhundert war die Wissenschaft bemüht, die chemischen Vorgänge im lebenden Organismus und im Stoffwechsel zu erforschen.

Einer der wichtigsten Meilensteine der Biochemie wurde 1805 durch die Wissenschaftler Pierre Jean Robiquet und Louis-Nicolas Vauquelin mit der Entdeckung und Isolierung der ersten Aminosäure, Asparagin, gelegt. Asparagin erhielt seinen Namen aus dem Lateinischen „Asparagus" – Spargel. Die beiden Forscher erhielten aus dem Rückstand von eingedampften Spargelsaft zwei Kristalle, wobei einer der beiden eine zuckerartige und der Zweite eine salzartige Substanz war. Die salzartige Substanz wurde im Anschluss durch die beiden französischen Wissenschaftler isoliert und als Asparagin beschrieben.

Neben Aminosäuren sind in Organismen noch unterschiedlichste weitere Naturstoffe zu finden. Unter dem Begriff der „Naturstoffe" oder der „Biomoleküle" werden chemischen Verbindungen verstanden, welche von einem Organismus gebildet werden um eine biologische Funktion zu erfüllen. Biomoleküle können aufgrund ihrer biologischen Funktion in zwei Kategorien unterteilt werden: primäre und sekundäre Naturstoffe. Als primäre Naturstoffe werden all jene Verbindungen zusammengefasst, welche für den Organismus zur Lebenserhaltung und für das Wachstum notwendig sind. Sekundäre Naturstoffe hingegen sind nicht essenziell für die Lebenserhaltung des Organismus und werden aus verschiedensten Gründen gebildet. Als klassische Beispiele für sekundäre Stoffwechselprodukte (Sekundärmetabolite), können das Antibiotika Penicillin oder das Alkaloid Koffein genannt werden.

Zur Einführung in die chemischen Grundlagen der Biochemie und in die Chemie der Naturstoffe werden in den nachfolgenden Kapiteln diverse primäre und sekundäre Naturstoffe, wie beispielsweise Kohlenhydrate, Aminosäuren, Nukleinsäuren, Lipide, Terpene und Farbstoffe, diskutiert.

© Springer Fachmedien Wiesbaden 2017
F. Ebner et al., *Naturstoffe und Biochemie*, essentials,
DOI 10.1007/978-3-658-15439-4_1

Biomoleküle – von den Grundbausteinen des Lebens

2

2.1   Kohlenhydrate[1]

Der größte Teil, der auf der Erde gebundenen organischen Substanzen, sind Kohlenhydrate. Sie sind die Hauptenergielieferanten der meisten Lebewesen, da sie Energie in Form von Zucker für den Stoffwechsel liefern. Überwiegend werden Kohlenhydrate in Form von Stärke in Pflanzen gespeichert und erzeugt. Die Kohlenhydrat-generierende Reaktion in jenen ist die Fotosynthese (Abb. 2.1).

Abb. 2.1 Fotosynthese.

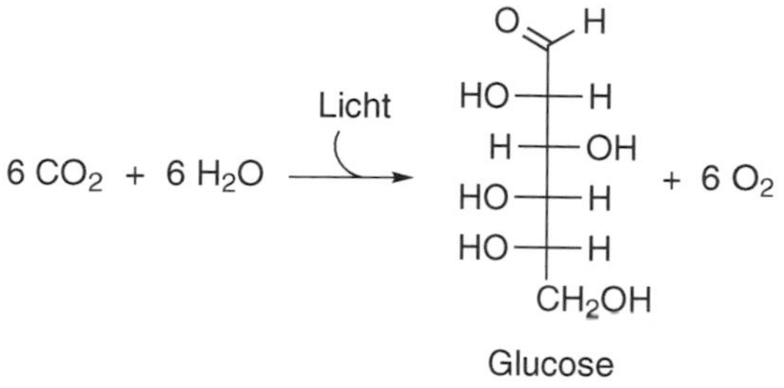

$$6\ CO_2\ +\ 6\ H_2O\ \xrightarrow{\ Licht\ }\ \text{Glucose}\ +\ 6\ O_2$$

Glucose

Monosaccharide

Natürlich vorkommende Monosaccharide, oder auch Einfachzucker genannt, werden von zwei großen Gruppen geprägt – den Pentosen, wozu beispielsweise Ribose zählt, und den Hexosen, zu denen unter anderem Glucose und Fructose

---

[1](Beyer und Walter 2004) (Vollhardt 2011) (Clayden et al. 2012).

© Springer Fachmedien Wiesbaden 2017
F. Ebner et al., *Naturstoffe und Biochemie,* essentials,
DOI 10.1007/978-3-658-15439-4_2

zählen. Viele Zucker können durch Oxidation von mehrwertigen Alkoholen erhalten werden. Dementsprechend kann zwischen Aldosen (Oxidation der endständigen Hydroxylgruppe) und Ketosen (Oxidation einer inneren Hydroxylgruppe) unterschieden werden. Aufgrund dieser Merkmale enthalten Zucker viele Chiralitätszentren, was die Konfigurationsbestimmung dieser oft nicht einfach macht.

▶ **Chirale Verbindungen** enthalten kein Symmetrieelement 2. Ordnung.

- Von chiralen Verbindungen mit n Chiralitätszentren existieren 2^n Stereoisomere.

Es gibt in der Zuckerchemie drei bekannte Schreibweisen der Zuckermoleküle, die unter den Namen *Fischer-Projektion, Haworth-Projektion* und *Sesselform* bekannt sind (vgl. Abb. 2.5).

▶ Fischer-Projektion

- Das am höchsten oxidierte C-Atom wird nach oben ausgerichtet
- Alle anderen C-Atome stehen ihrer Kettenabfolge nach unterhalb des höchst oxidierten C-Atoms
- Seitenketten werden auf beiden Seiten der Hauptkette gemäß ihrer Konfiguration angeordnet

Zucker können in geschlossener oder offenkettiger Form vorliegen. Der einfachste Weg, um sich den Konfigurationsbestimmungen zu nähern, ist, die Zucker zuerst in ihrer offenkettigen Form zu betrachten und dann zur Ring-Form überzugehen.

Von besonderer Wichtigkeit zur eindeutigen Klassifizierung sind die sogenannten. D/L-Konfigurationen. Hierbei entscheidet die am weitesten von der am höchsten oxidierten funktionellen Gruppe entfernt stehende Hydroxylgruppe über die absolute Konfiguration des Zuckers. Befindet sich diese in der Fischer-Projektion auf der linken Seite, so hat der Zucker L-Konfiguration (L = laevus (lat.) = links). Der umgekehrte Fall wird als D-Konfiguration (D = dexter (lat.) = rechts) bezeichnet. Als Bezugssubstanz gilt hierbei das Glycerinaldehyd (Abb. 2.2).

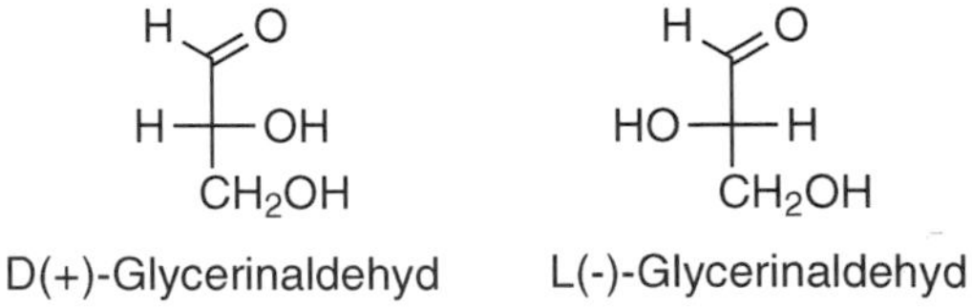

Abb. 2.2 D/L-Konfiguration von Glycerinaldehyd.

D(+)-Glycerinaldehyd   L(-)-Glycerinaldehyd

Bei den Aldotetrosen (Aldose mit vier Kohlenstoffatomen) liegen zwei Chiralitätszentren vor, was bedeutet, dass es $2^2 = 4$ Stereoisomere gibt. Je nach Anordnung der Seitengruppen sind zwei Diastereomere möglich. Dabei gilt im Allgemeinen, dass wenn zwei ähnliche oder gleiche Substituenten an benachbarten Chiralitätszentren auf der gleichen Seite in der Fischerprojektion liegen, so wird die Verbindung mit der Vorsilbe *erythro-* im anderen Falle mit *threo-* versehen (Abb. 2.3).

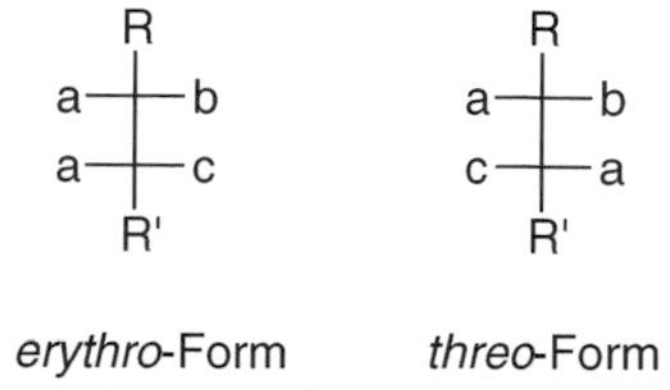

Abb. 2.3 Erythro- und Threo-Form.

erythro-Form   threo-Form

In der Natur ist die am häufigsten vorkommende Zuckerform die D-Form. Die Zeichen $(+)$ oder $(-)$ nach der Angabe der absoluten Konfiguration geben an, ob die Saccharide in wässriger Lösung linear polarisiertes Licht nach rechts oder links drehen. Diese Drehwertänderungen sind rein experimenteller Natur und lassen sich nicht direkt ableiten. In Abb. 2.4 sind die wichtigsten natürlichen Monosaccharide aufgeführt.

Neben den Aspekten der Konfiguration blieb außer Acht, dass die Zucker in der Natur nur selten in der offenkettigen Form vorliegen. Meistens liegt die Ringform vor, in der die Zucker als Acetal oder Halbacetal verknüpft sind. Dies wurde erstmals von Tollens (1883) beobachtet und dokumentiert, als er keine Farbänderung von Aldosen mit fuchsinschwefeliger Säure feststellen konnte.

Hintergrundinformation

Ein Nachweis für Aldehyde (aber auch andere für reduzierende Gruppen) ist die Tollens-Reaktion oder auch Silberspiegelprobe genannt. Hierbei wird aus einer ammoniakalischen Lösung von Silbernitrat elementares Silber durch die Oxidation des Aldehyds zur Carbonsäure ausgefällt. An der Redoxreaktion ist außer dem Aldehyd auch der Komplex $\left[Ag(NH_3)_2\right]^+$ beteiligt, der das Silber ausscheidet, welches sich als silberner Niederschlag an der Gefäßwand absetzt.

Wie kommt es zur Ausbildung eines Ringes und somit eines Acetals oder Halbacetals? Der Ringschluss findet intramolekular am Zucker statt. Hierbei reagiert eine Hydroxylgruppe mit der Carbonylgruppe unter Ausbildung eines cyclischen Halbacetals. Bei längerkettigen Monosacchariden ist entscheidend, welche Hydroxylgruppe die Reaktion eingeht und ihr H-Atom auf die Carbonylgruppe überträgt, da unterschiedliche Ringgrößen gebildet werden können. Bei den Hexosen ist

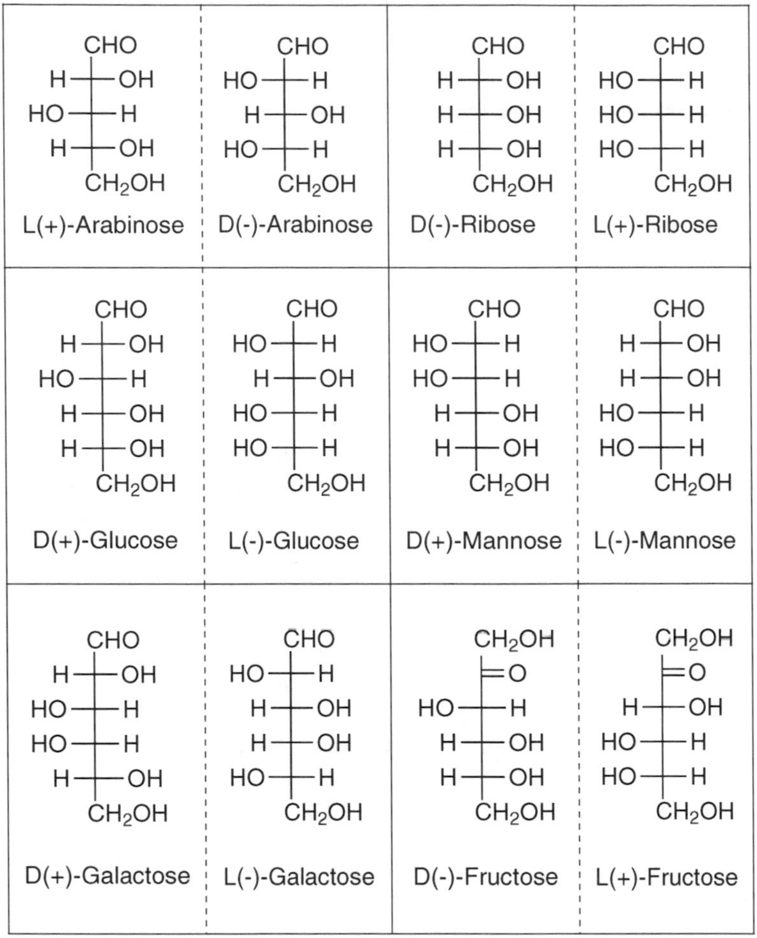

CHO H—OH HO—H H—OH CH$_2$OH L(+)-Arabinose	CHO HO—H H—OH HO—H CH$_2$OH D(-)-Arabinose	CHO H—OH H—OH H—OH CH$_2$OH D(-)-Ribose	CHO HO—H HO—H HO—H CH$_2$OH L(+)-Ribose
CHO H—OH HO—H H—OH H—OH CH$_2$OH D(+)-Glucose	CHO HO—H H—OH HO—H HO—H CH$_2$OH L(-)-Glucose	CHO HO—H HO—H H—OH H—OH CH$_2$OH D(+)-Mannose	CHO H—OH H—OH HO—H HO—H CH$_2$OH L(-)-Mannose
CHO H—OH HO—H HO—H H—OH CH$_2$OH D(+)-Galactose	CHO HO—H H—OH H—OH HO—H CH$_2$OH L(-)-Galactose	CH$_2$OH =O HO—H H—OH H—OH CH$_2$OH D(-)-Fructose	CH$_2$OH =O H—OH HO—H HO—H CH$_2$OH L(+)-Fructose

Abb. 2.4 Wichtigste Monosaccharide.

beispielsweise die Ausbildung von Fünf- oder Sechsringen möglich. Fünfringe heißen **Furanosen,** Sechsringe sind **Pyranosen.** Glucose kann daher in ihrer Fünfring-Form auch als Glucofuranose und in der Sechsring-Form als Glucopyranose bezeichnet werden (analog finden sich diese Benennungen auch bei den Ringformen von Fructose). Um die Ringform in der Fischer-Projektion zur tatsächlichen Darstellung zu überführen, werden zwei Schritte benötigt. Beim Übergang von der *Fischer-Projektion* in die endgültige räumliche Darstellung werden die Zucker zuerst in die *Haworth-Projektion* und dann in die *Sessel-Konformation gebracht.* Die Sessel-Konformation der Fünf- und Sechsringe orientiert sich an Cyclopentan *Envelope* (engl.) und Cyclohexan *(Sessel).* Hilfreich ist es sich zu merken, dass alle Gruppen, die in der Fischer-Projektion rechts von der C–C-Achse stehen, in der Haworth-Projektion nach unten zeigen und umgekehrt.

Das wohl bekannteste Beispiel der Monosaccharide ist die D-Glucose. Sie zeigt unter anderem den interessanten Aspekt der **Mutarotation,** das bedeutet in Wasser liegen die zwei möglichen Ringformen des Sechsrings und die offenkettige Form miteinander im Gleichgewicht vor. Dies ist möglich, da sich das cyclische Halbacetal leicht öffnen und schließen lässt. Die beiden möglichen Ringformen unterscheiden sich an dem C-Atom (C-1), welches den Ringschluss eingegangen ist. Wie schon beschrieben, bildet sich aus der Carbonylgruppe ein Alkohol, welcher in der Ringform nach oben oder unten stehen kann. Steht die Hydroxylgruppe nach unten (das H-Atom zeigt dann nach oben), so wird diese

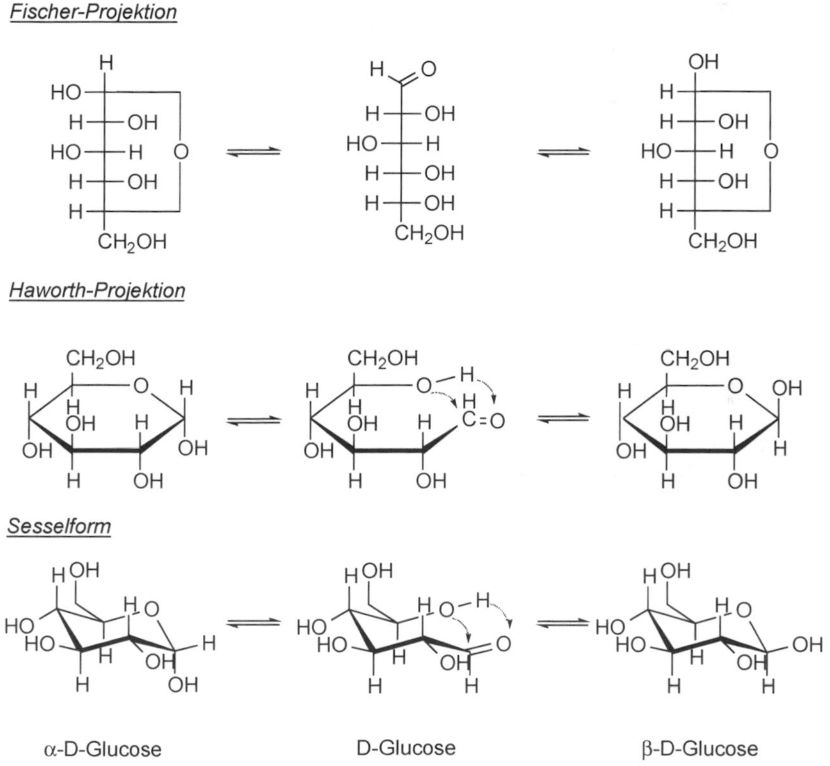

Fischer-Projektion

Haworth-Projektion

Sesselform

α-D-Glucose   D-Glucose   β-D-Glucose

Abb. 2.5 Mutarotation der Glucose in allen drei Projektionen.

Form als α-Form benannt, zeigt sie nach oben, als β-Form. In Abb. 2.5 wird die Sechsring-Konformation der D-Glucose betrachtet.

Saccharide haben aufgrund ihrer Aldehydgruppe in der offenkettigen Form und der Hydroxylgruppe am ringschließenden C-Atom reduzierende Wirkung.

Oligosaccharide

Als Oligosaccharide werden hauptsächlich Di- bis Tetrasaccharide aufgefasst. Im folgenden Abschnitt werden jedoch nur die wirklich relevanten Disaccharide genauer betrachtet. Um den Aufbau von Disacchariden verstehen zu können, soll anfangs die Bindung zwischen den Monosacchariden im Vordergrund stehen – die **glycosidische Bindung.**

Bei Zuckern in Ringform kommen den Hydroxylgruppen unterschiedliche Reaktivitäten zu. Die reaktivste OH-Gruppe befindet sich am C-Atom, an dem der Angriff während des Ringschlusses stattgefunden hat (bei Glucose: C-1). Sie wird halbacetalische Hydroxylgruppe genannt. Die übrigen Hydroxylgruppen werden als alkoholische bezeichnet. Es gibt somit zwei Möglichkeiten eine glycosidische Bindung zwischen zwei Zuckern zu formen: Es können beide halbacetalischen Hydroxylgruppen miteinander reagieren, sodass die reaktive, reduzierende Wirkung der Zucker verloren geht. Oder die halbacetalische kann mit einer alkoholischen reagieren, wobei die nicht reagierende halbacetalische Hydroxylgruppe die reduzierende Wirkung des entstehenden Disaccharids erhält und es für weitere Reaktionen offen macht. Aufgrund dieser unterschiedlichen Verknüpfungsmöglichkeiten lassen sich die Disaccharide in ihrer reduzierenden und nicht-reduzierenden Wirkung unterscheiden.

Das bekannteste Beispiel für einen nicht-reduzierenden Zucker ist der **Rohrzucker (Saccharose)** (Abb. 2.6). Er besteht aus α-D-Glucopyranose und β-D-Fructofuranose. Die Bindung ist also eine α1-β2-glycosidische Bindung, welche auch als 1,2-Acetal bezeichnet werden kann. Da hierbei beide halbacetalischen Hydroxylgruppen unter Wasserabspaltung reagiert haben weißt die Saccharose keine reduzierenden Eigenschaften mehr auf.

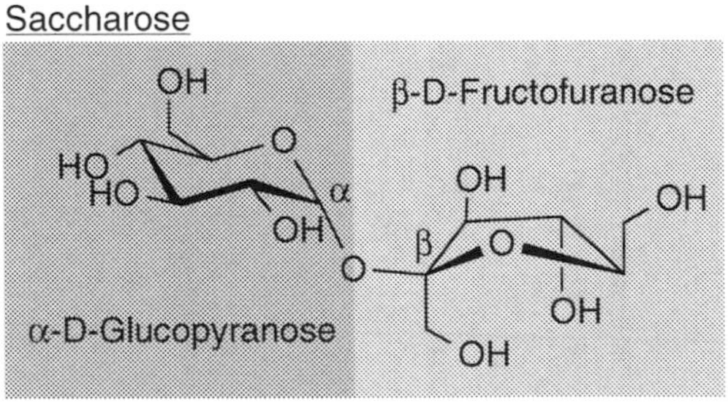

Abb. 2.6 Rohrzucker (Saccharose).

Saccharose

Hintergrundinformation

Wenn Saccharose mit Sulfurylchorid und Pyridin chloriert wird, entsteht unter anderem Trichlorgalactosaccharose (Chlorsucrose, Sucralose) (vgl. Abb. 2.7) – ein farbloses, geruchloses Pulver. Diese Verbindung ist etwa 650-mal süßer als Saccharose und wurde 1976 zum ersten Mal beschrieben. Jedoch ist die Verbindung als Süßungsmittel nur in Kanada und Australien zugelassen.

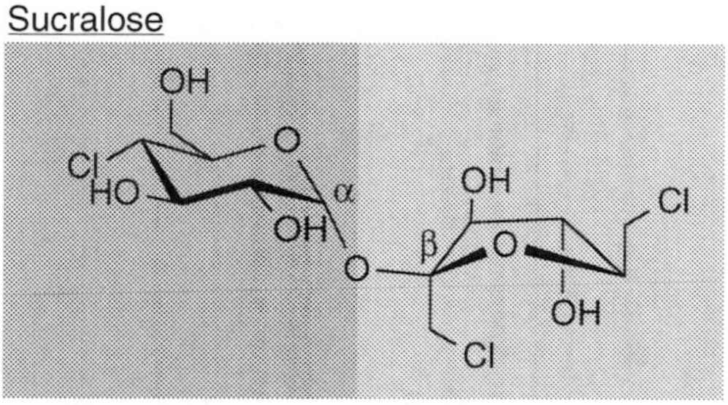

Abb. 2.7 Trichlorgalactosaccharose (Chlorsucrose, Sucralose).

Von den reduzierenden Disacchariden gibt es drei, die erwähnenswert sind: Maltose, Lactose, und Cellobiose (Abb. 2.8).

Maltose, auch als Malzzucker bekannt, besteht aus zwei Molekülen D-Glucose. Diese sind über eine α-1,4-glycosidische Bindung verknüpft. Aufgrund seiner freien halbacetalischen Hydroxylgruppe des Glucosemoleküls, welches mit seiner alkoholischen Hydroxylgruppe die Bindung eingeht, besitzt das Disaccharid reduzierende Eigenschaften und unterliegt daher im Wasser der Mutarotation. Das bedeutet, dass in Wasser gelöste Maltose, sowohl in der α- als auch β-Form vorliegen kann. Der optische Drehwert dieses anomeren Gleichgewichtes liegt bei $[\alpha]_D = +128{,}5°$, welcher weder dem der reinen α-Form noch der reinen β-Form entspricht. Biochemisch kann Maltose durch das Enzym Maltase gespalten werden, welches beispielsweise in Hefe vorkommt.

Lactose, auch Milchzucker genannt, ist hauptsächlich in der Milch anzutreffen (Kuhmilch: 4–5 %). In reiner Form ist es eine kristalline, farblose Substanz, die aufgrund der freien halbacetalischen Hydroxylgruppe reduzierende Eigenschaften und Mutarotation zeigt (Drehwert $[\alpha]_D = +52{,}3°$). In Wasser liegen also die α- oder β-Form im Gleichgewicht vor. Das Enzym Lactase spaltet die Lactose an der β-1,4-glycosidischen Bindung in D-Galactose und D-Glucose. Etwa 75 % der erwachsenen Weltbevölkerung besitzen einen Mangel an diesem Enzym. Das wird im Allgemeinen als Laktoseintoleranz bezeichnet, denn der Körper kann die Lactose nicht verarbeiten. Der bakterielle Abbau von Lactose zu Milchzucker findet großtechnisch bei der Joghurtherstellung statt.

Abb. 2.8 Maltose, Lactose
und Cellobiose.

Lactose (α-Form)

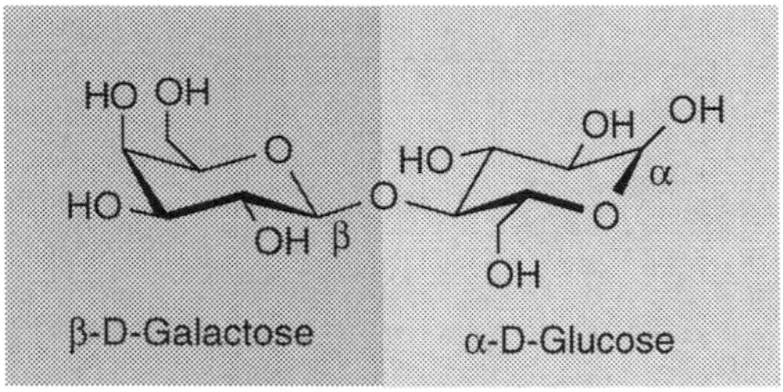

β-D-Galactose   α-D-Glucose

Maltose (α-Form)

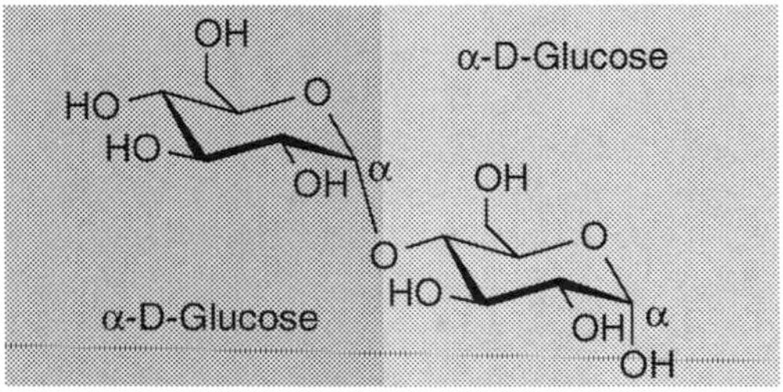

α-D-Glucose

α-D-Glucose   HO

Cellobiose (α-Form)

β-D-Glucose   α-D-Glucose

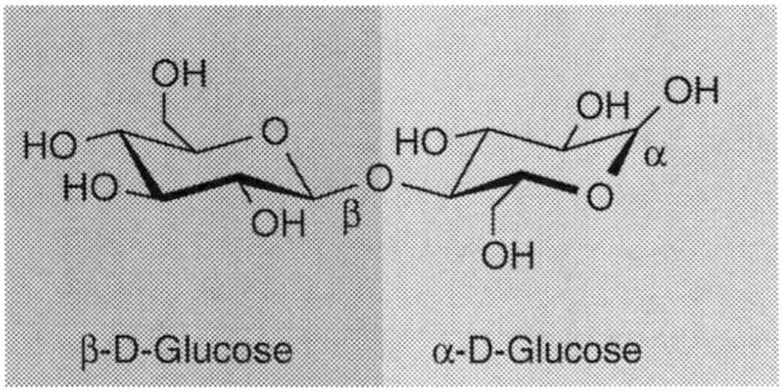

Cellobiose besteht wie Maltose aus zwei Molekülen D-Glucose, die jedoch über eine β-1,4-glycosidische Bindung verknüpft sind. Cellobiose findet sich als Untereinheit hauptsächlich in Cellulose. Wie bei allen reduzierenden Zuckern, bedingt durch die halbacetalische Hydroxylgruppe, finden sich hier die gleichen Eigenschaften und auch ein optischer Drehwert in Wasser von $[\alpha]_D = +34{,}6°$.

Hintergrundinformation
Der **optische Drehwert** ist eine empirische Größe. Er kommt zustande, da Moleküle in Lösungen linear polarisiertes Licht drehen. Besonders bei chiralen Molekülen kann die Endpolarisation verschieden zu der anfänglichen sein. Dieser abweichenden Winkel wird **Drehwinkel** genannt. Substanzen bei denen ein solcher Drehwinkel festgestellt werden kann, heißen **optisch aktiv.** Drehen die Substanzen die Polarisationsebene des Lichts nach rechts, so werden sie mit einem (+) gekennzeichnet, drehen sie nach links, so bekommen sie ein (−).

Polysaccharide
Saccharide, welche sich aus mehr als zehn Einfachzuckern zusammensetzen, werden als Polysaccharide bezeichnet. Das wichtigste Polysaccharid und auch eines unserer täglichen Energielieferanten ist die pflanzliche **Stärke.** Produziert wird sie in Pflanzen als Speicherform von Glucose, die in der Fotosynthese entsteht. Die Stärke setzt sich aus 80 % Amylopektin und 20 % Amylose zusammen. Beide Polysaccharide unterscheiden sich in ihren chemischen und physikalischen Eigenschaften. Darüber hinaus gibt es auch tierische Stärke, das Glykogen. Dieses ist aus verzweigten Glucose-Einheiten aufgebaut.

Amylopektin besteht aus D-Glucoseketten, die α-1,4-glycosidisch verknüpft sind. Diese Ketten sind zusätzlich über α-1,6-glycosidisch Bindungen verzweigt. Es bildet sich also ein dreidimensionales Netzwerk aus D-Glucose. Jede Kette enthält etwa 20–25 Glucoseeinheiten. Die relative Molekülmasse von Amylopektin beträgt 10^5 bis 10^6 g mol^{-1} oder mehr.

Im anderen Teil der Stärke, der **Amylose,** liegen vor allem unverzweigte Ketten von 100–1400 D-Glucoseeinheiten vor. Die Verknüpfung erfolgt α-1,4-glycosidisch und der Abbau der Stärke läuft über Maltose bis hin zu D-Glucose. Die Amylose hat die räumliche Gestalt einer Helix mit sechs D-Glucoseeinheiten pro Windung.

2.2   Aminosäuren, Peptide und Proteine[2]

Aminosäuren
Aminosäuren wurden erstmals vor über 700 Jahren beschrieben und gehören, neben den Kohlenhydraten, zu den wichtigsten Bausteinen des Lebens (Abb. 2.9).

---

[2](Chmiel 2011) (Clayden et al. 2012) (Beyer und Walter 2004).

Abb. 2.9 Allgemeine
Struktur von Aminosäuren.

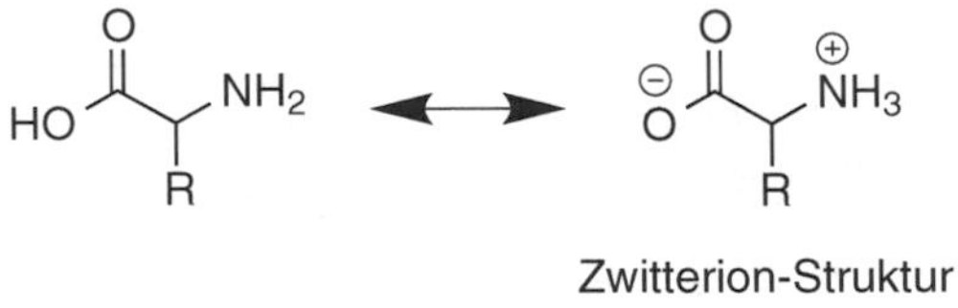

Zwitterion-Struktur

Aus ihnen setzen sich u. a. Proteine, Enzyme, Hormone und auch Toxine zusammen. Grund genug, einen näheren Blick auf diese Substanzklasse zu werfen.

▷   Aminosäuren sind organische Verbindungen mit mindestens zwei
       funktionellen Gruppen, der Amino- und der Carboxyl-Gruppe.

Wie aus der Struktur hervorgeht, wird der Grundbaustein aller Aminosäuren aus der namensgebenden Amino-Funktion $-NH_2$ und der Carboxyl-Funktion $-COOH$ aufgebaut. Das C-Atom, welches beide Funktionen miteinander verknüpft, wird als α-**C-Atom** bezeichnet. Darüber hinaus wird je nach Kettenlänge des Kohlenstoffrückgrats auch zwischen β- und γ-Aminosäuren unterschieden, welche für das Leben nicht weniger wichtig sind. Die wichtigste Gruppe bilden jedoch die α-**Aminosäuren,** welche systematisch nach IUPAC als 2-Aminocarbonsäuren bezeichnet werden (vgl. Abb. 2.10). Da die IUPAC-Nomenklatur aber schnell unhandlich wird, werden die meisten Aminosäuren mit Trivialnamen benannt.

Abb. 2.10 Aminosäuren
Konfigurationen.

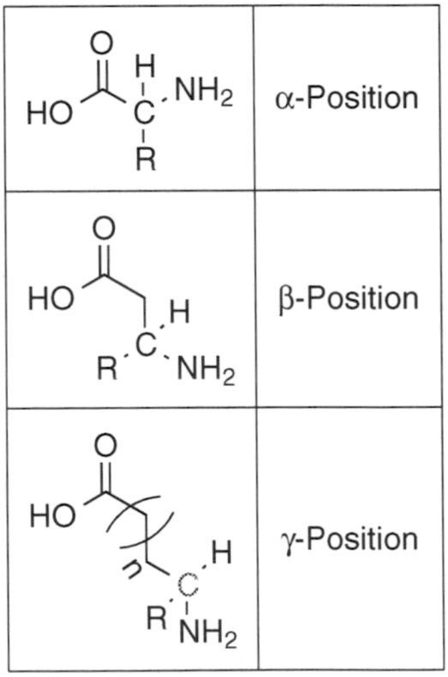

	α-Position
	β-Position
	γ-Position

Neben dem Trivialnamen wird aber auch häufig der Dreibuchstabencode oder Einbuchstabencode für **biogene Aminosäuren** verwendet – also für jene Aminosäuren die natürlich vorkommen (vgl. Abb. 2.11).

unpolar				basisch			
Alanin	Ala	A		Arginin	Arg	R	
Isoleucin	Ile	I		Histidin	Lys	H	
Leucin	Leu	L		Lysin	His	H	
Methionin	Met	M		neutral/polar			
Phenylalanin	Phe	F		Asparagin	Asn	N	
Prolin	Pro	P		Cystein	Cys	C	
Tryptophan	Try	W		Glutamin	Gln	Q	
Valin	Val	V		Glycin	Gly	G	
sauer				Serin	Ser	S	
Asparagin-säure	Asp	D		Tyrosin	Tyr	Y	
Glutamin-säure	Glu	E		Threonin	Thr	T	

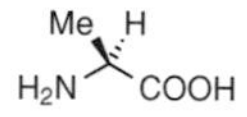

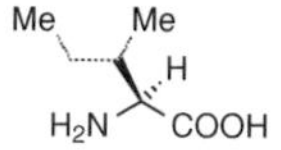

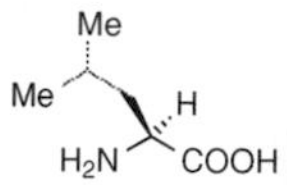

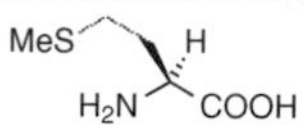

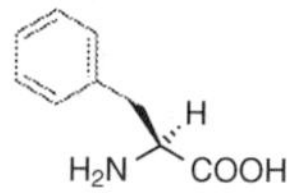

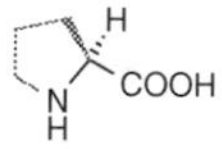

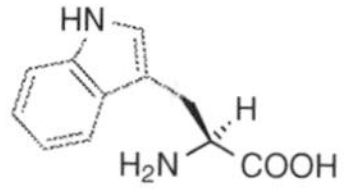

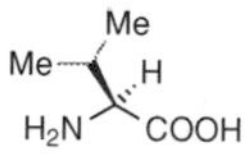

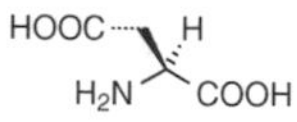

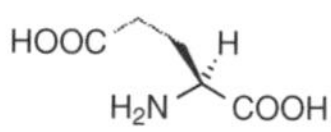

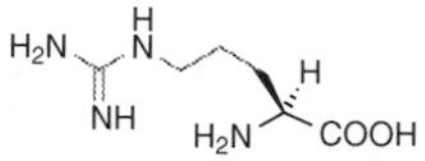

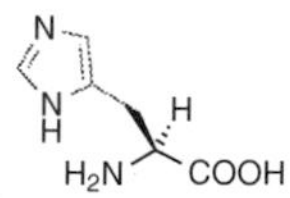

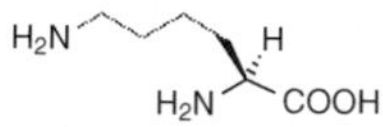

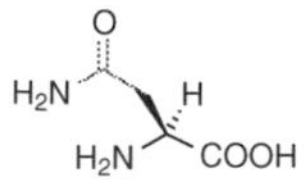

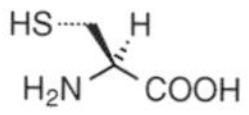

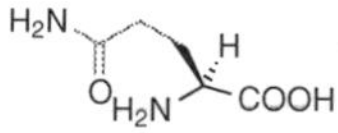

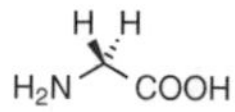

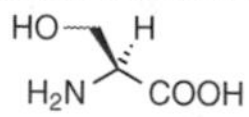

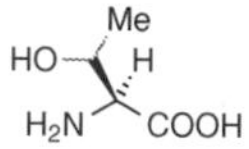

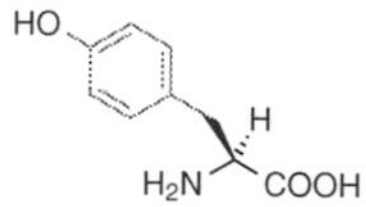

Abb. 2.11 Zwanzig biogene Aminosäuren kategorisiert nach Eigenschaften.

▶ Der Dreibuchstabencode bzw. Einbuchstabencode der Aminosäuren hat nichts mit dem Dreibuchstabencode der Translation in der Proteinbiosynthese zu tun.

Aminosäuren, welche in Proteinen vorkommen, werden als **proteinogen** bezeichnet. Daher unterscheidet man zwischen proteinogenen und nicht-proteinogenen Aminosäuren. Zu den proteinogenen Aminosäuren gehören die 20 **kanonischen** (proteinogene) **Aminosäuren,** also jene, welche durch unsere DNA codiert sind. Darüber hinaus gibt es nicht-kanonische Aminosäuren wie Selenocystein oder Hydroxyprolin, welche zwar in unseren Proteinen vorkommen, aber nicht in unserer DNA hinterlegt sind. Sie werden durch posttranslationale Modifikationen aus den jeweiligen kanonischen Aminosäuren gebildet. Aminosäuren, welche der menschliche Organismus zwar benötigt, aber nicht selbst synthetisieren kann, müssen über die Nahrung aufgenommen werden. Deshalb werden diese als essenzielle Aminosäuren bezeichnet (siehe Abb. 2.12).

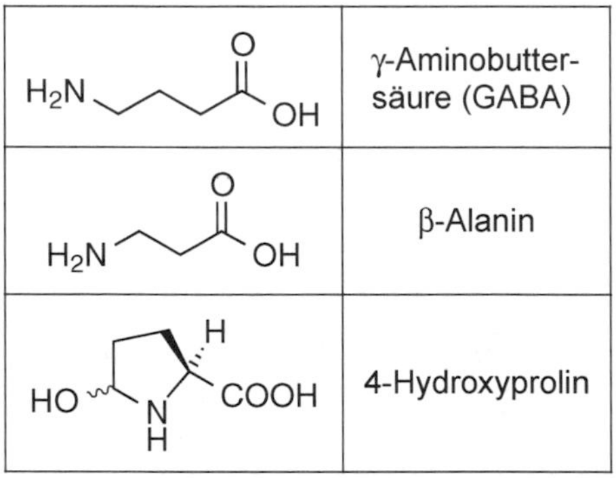

Abb. 2.12 Drei Beispiele für nicht-proteinogene Aminosäuren.

H_2N ~~~~~ O OH	γ-Aminobuttersäure (GABA)
H_2N ~~~~~ O OH	β-Alanin
HO ⸂ N H COOH (H)	4-Hydroxyprolin

▶ Ein guter Merkspruch für die acht essenziellen Aminosäuren lautet:
Phänomenale **Iso**lde **trüb**t **mit**unter **Leu**tnant **Val**entins **lüs**terne **Tr**äume.
Phenylalanin **Iso**leucin **Tryp**tophan **Met**ionin **Leu**cin **Val**in **Lys**in **Thr**eonin.

Definitionsgemäß werden Aminosäuren immer so dargestellt, dass die NH_2-Funktion links steht. Daraus lässt sich die stereochemische Konfiguration leicht ableiten (Abb. 2.13): Alle proteinogenen Aminosäuren haben in der Fischer-Projektion **L-Konfiguration.** Nach den Regeln von Cahn, Ingold und Prelog (CIP-Regeln) verfügen fast alle natürlichen Aminosäuren über eine **S-Konfiguration.**

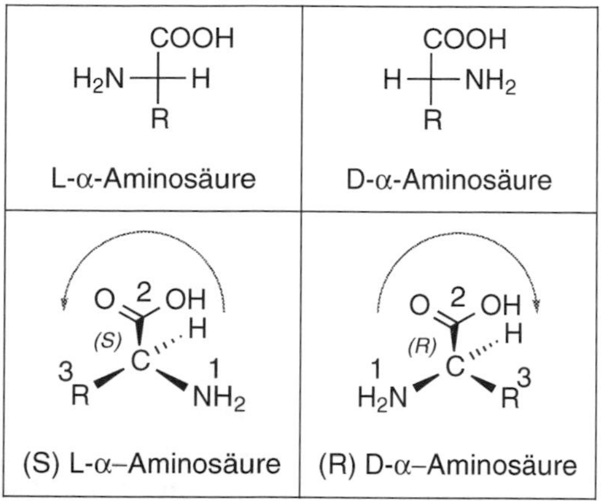

Abb. 2.13 Stereochemische Konfiguration von Aminosäuren.

Die stereochemische Konfiguration von Cystein stellt eine Besonderheit dar. Abb. 2.14 zeigt den Vergleich der Strukturen von Cystein und Serin.

Abb. 2.14 Vergleich der Struktur von Cystein und Serin.

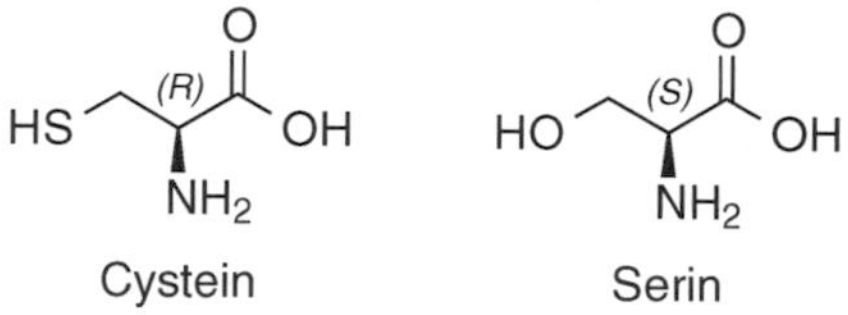

Cystein   Serin

Die biogenen Aminosäuren aus Abb. 2.13 unterscheiden sich strukturell wesentlich voneinander: **Neutrale Aminosäuren** verfügen über eine basische Amino-Funktion und eine saure Carboxyl-Funktion. **Saure Aminosäuren** hingegen haben mindestens eine Carboxyl-Funktion mehr als neutrale Aminosäuren, während **basische Aminosäuren** mindestens über zwei Amino-Funktionen verfügen. In wässrigen Lösungen reagieren Amino-Gruppen gemäß dem **Brønsted-***Konzept* als H-Akzeptoren während Carboxyl-Gruppen als H-Donoren fungieren. Dieses amphotere Verhalten der Aminosäuren führt zwangsläufig zu einer intramolekularen Neutralisation, sodass positive und negative Ladungen gleichzeitig innerhalb eines Moleküls anwesend sind. Diese Besonderheit wird als **Betain-Struktur** oder **Zwitterion** bezeichnet und führt in der Konsequenz dazu, dass Aminosäuren starke Dipole und gute Wasserstoffbrückenbilder sind. Des Weiteren zeichnen sie sich durch äußerst stabile Kristallgitter aus, was mit hohen Schmelzpunkten einhergeht (Abb. 2.15).

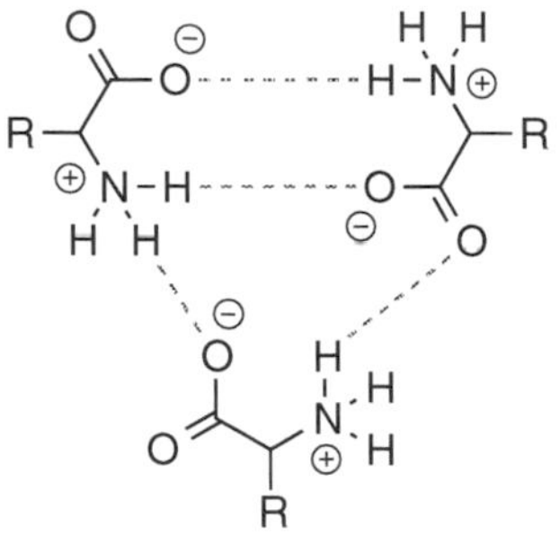

Abb. 2.15 Betain-
Struktur mit
Wasserstoffbrückengerüst.

Die Betain-Struktur des Rückgrats und die Struktur der Seitenkette haben einen
unmittelbaren Einfluss auf den pKs-Wert der einzelnen Verbindung und somit auf
das Säure-Base-Verhalten der gesamten Aminosäure. Am einfachsten kann dies
anhand der unsubstituierten Aminosäure Glycin verdeutlicht werden (Abb. 2.16).

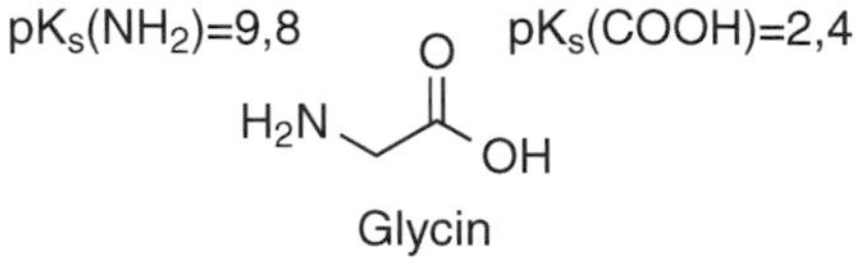

Abb. 2.16 Glycin mit
pks-Werten.

$pK_s(NH_2)=9{,}8$ $pK_s(COOH)=2{,}4$

Glycin

Wie aus dem Beispiel hervorgeht, lässt sich der Verbindung Glycin also kein
einzelner pKs-Wert zuordnen wie z. B. der Essigsäure, da sie über gegensätzliche Säure-Base-Eigenschaften verfügt. Es gibt jedoch einen Punkt, an dem die
intramolekulare Neutralisation vollständig ist und welcher sich aus den einzelnen
pKs-Werten der Verbindung berechnen lässt. Dieser Neutralpunkt wird als **isoelektrischer Punkt** (auch I. P., pI oder IEP genannt) bezeichnet und zeichnet sich
durch eine minimale Löslichkeit der Aminosäuren aus.

▷   Als **isoelektrischer Punkt** wird jener pH-Wert bezeichnet, an dem sich
    negative und positive Ladungen ausgleichen und somit jegliche sau-
    ren und basischen Eigenschaften neutralisiert sind. Die Nettoladung
    des Moleküls ist 0.

$$IEP = \frac{1}{2}(pK_{S1} + pK_{S2})$$

Am Beispiel des Glycins ergibt sich also ein IEP von 6.1.

Wie bereits erwähnt gehören Aminosäuren zu den wichtigsten Bausteinen in der Natur. Mit einer Jahresproduktion von 1.6 Mio t wächst aber auch die Bedeutung für Chemielabor, Biochemie oder Medizin zunehmend. Umso wichtiger ist es zu verstehen, wie die Synthese und Gewinnung dieser Verbindungen funktionieren. Bei der Betrachtung der allgemeinen Struktur von Aminosäuren fällt schnell auf, dass hier zwei gegensätzliche reaktive Zentren in einem Molekül vereint sind. Während die Amino-Funktionalität als **Nukleophil** reagieren kann, stellt die Carboxy-Funktionalität ein **Elektrophil** dar. Aus dieser Besonderheit ergeben sich zum Teil außergewöhnliche Synthesestrategien, welche im Nachfolgenden vorgestellt werden.

a) Gewinnung durch Totalhydrolyse von Proteinen/Peptiden

Diese, erstmals 1908 zur Gewinnung von Glutaminsäure eingesetzte Methode (Abb. 2.17), wird aufgrund extremer Reaktionsbedingungen nur noch selten eingesetzt, da in vielen Fällen auch die Zersetzung einiger Aminosäuren beobachtet wird. Des Weiteren ist die Abtrennung einzelner Aminosäuren aus den entstehenden Gemischen mittels Ionenaustausch-Chromatografie aufwendig und unrentabel.

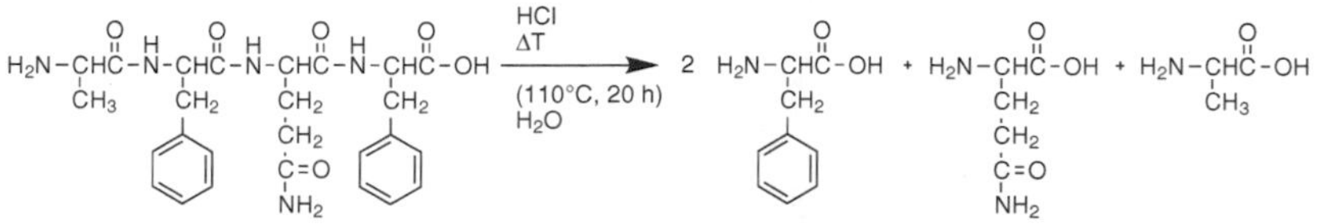

Abb. 2.17 Totalhydrolyse von Peptid.

b) Strecker-Synthese

Die 1950 entwickelte Strecker-Synthese (Abb. 2.18) gilt heute als eine der wichtigsten Methoden zur direkten Synthese von **α-Aminosäuren**. Bei näherer Betrachtung fällt schnell auf, dass es sich um einen Sonderfall der Mannich-Reaktion handelt. Das Seitenketten-tragende Aldehyd wird durch nukleophile Addition mit Ammoniak (NH_3) zum Imin umgesetzt, an welches als Carbonylanaloge Spezies Cyanwasserstoff (HCN) nukleophil addiert wird. Eine abschließende saure Hydrolyse des α-Aminonitrils und dessen Neutralisation ergibt schließlich die gewünschte α-Aminosäure. Ein weiterer denkbarer Weg führt über das Cyanhydrin, welches erst danach mit Ammoniak reagiert. Keiner der beiden Wege konnte bisher ausgeschlossen werden. Ein wesentliches Problem der Strecker-Synthese ist, neben der Verwendung von giftigem Cyanwasserstoff (Blausäure), die Bildung von Racematen, welche in aufwendigen Trennverfahren aufgereinigt werden müssen. Nichtsdestotrotz hat sich die Strecker-Methode zur Synthese einiger Aminosäuren wie z. B. Valin aufgrund geringer Kosten durchgesetzt.

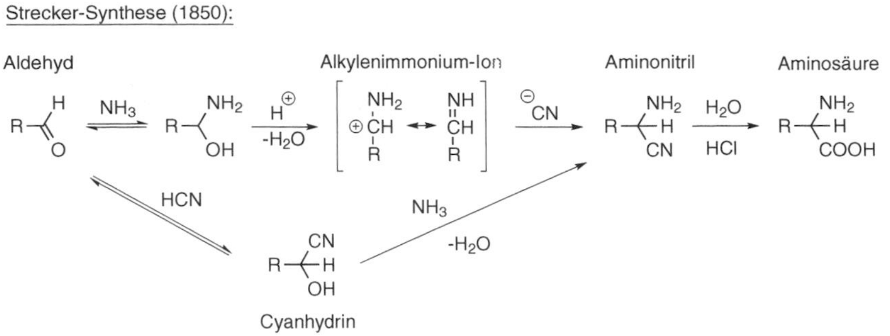

Strecker-Synthese (1850):

Abb. 2.18 Strecker-Synthese von Aminosäuren (zwei mögliche Wege).

Hintergrundinformation

Einer der bekanntesten Nachweise von kurzen Peptiden oder Aminosäuren im täglichen Laborleben eines Chemikers ist die Ninhydrinfäbung (Abb. 2.19). Ninhydrin reagiert im basischen mit jenen zu dem blauen **Farbstoff Ruhemanns Purpur.**

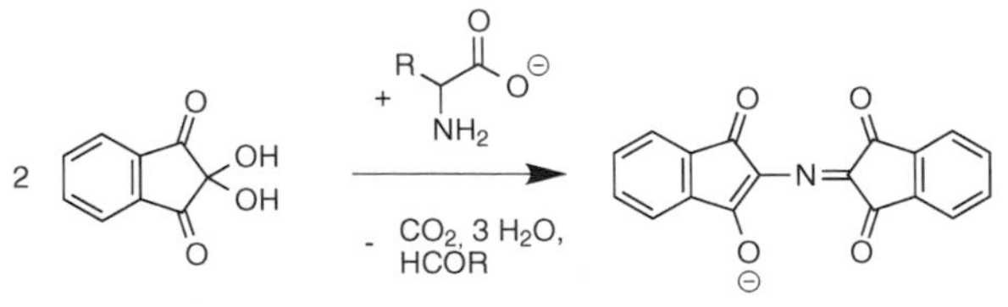

Abb. 2.19 Ninhydrinfärbung.

Peptide

Die nächsthöhere Einheit, welche aus Aminosäuren aufgebaut ist, wird Peptid genannt. Charakteristisch ist dabei die Peptidbindung, auch Amidbindung genannt, die aus Kondensation einer Carbonsäuregruppe und einer Amingruppe zweier Aminosäuren gebildet wird (Abb. 2.20). Die Aminosäure, welche nach der Reaktion noch eine freie Amingruppe besitzt, wird als N-Terminus bezeichnet. Folglich heißt die andere mit einer freien Carboxylgruppe C-Terminus. Die Peptidbindung ist eine sehr energiereiche Bindung und daher muss oftmals die Carboxylgruppe zuerst durch Halogenide aktiviert werden, bevor es zur Kondensationsreaktion kommt. Daher kommen besonders in der Peptid-Festphasensynthese oftmals Schutzgruppen zum Einsatz, um die Aminosäurebausteine selektiv verknüpfen zu können. Hierbei werden Verbindungen aus bis zu 10 Aminosäuren auch Oligopeptide und aus bis zu 100 Aminosäuren Polypeptide genannt.

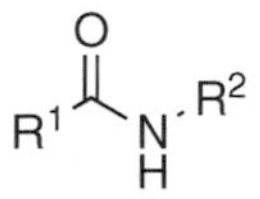

$$R^1 \overset{\overset{\displaystyle O}{\|}}{\diagdown} \underset{\underset{\displaystyle H}{|}}{N} {\diagup} R^2$$

Abb. 2.20 Peptidbindung.

Proteine

Polypeptide aus mehr als 100 Aminosäuren werden in der Regel Proteine genannt. Diese nehmen im menschlichen Organismus die vielfältigsten Aufgaben an. Ihre Einsatzgebiete reichen von Rezeptoren und Enzymen über Antikörper und Hormonen bis hin zu Strukturproteinen, welche zur Haarbildung von Nöten sind. Neben dem chemischen Aufbau und den Eigenschaften der Proteine spielt in der Biologie besonders deren dreidimensionale Struktur eine große Rolle.

Die **Primärstruktur** bezeichnet den genauen Aufbau der Proteine aus den Aminosäuren, d. h. die Polypeptidkettensequenz. Hierbei können die Aminosäuren nicht nur über deren Aminofunktionen verknüpft werden, sondern auch über deren funktionelle Seitenketten. Bindungen via Seitenketten werden Isopeptidbindungen genannt. Generell beschäftigt sich die Primärstruktur also mit der Abfolge der Aminosäuren in einem Peptid, welche durch den Dreibuchstabencode einfach ausgedrückt werden kann (Bsp: Ala-Val-Gly-Tyr-...).

Dahingegen geht die **Sekundärstruktur** auf den räumlichen Bau ein. Hierbei werden zusammenhängende räumliche Strukturen als **α-Helix, β-Faltblatt** und **β-Schleifen** klassifiziert. Diese Einteilungen werden auf Regelmäßigkeiten in der Konformation der Aminosäurensequenz zurückgeführt, die durch Wasserstoffbrücken der Peptidbindungen bestimmt sind. Neben den bereits genannten Strukturmustern wird der Rest der Proteine in räumlichen Aufbau oft als **Random-Coil-Struktur** bezeichnet. Für den Betrachter gibt es dabei keine erkennbar symmetrischen Muster. Das bedeutet jedoch nicht, dass die Struktur dieser Abschnitte unwichtig ist, denn diese trägt sogar essenziell zur Funktion der Proteine bei. Während der Denaturierung der Proteine (Behandlung mit Hitze oder Säure und dadurch bedingter Verlust der biologischen Funktion) kommt es durch die steigende Rotations- und Schwingungsanregung der Molekülketten im Bewegung zu einem Verlust der Proteinstruktur (Denaturierung).

Die **Tertiärstruktur** beschreibt ebenfalls die räumliche Struktur der Proteine. Hierbei kommen nun Van-der-Waals Kräfte, Disulfidbrücken, ionische Wechselwirkungen, Wasserstoffbrückenbildung und der hydrophobe Effekt zum Tragen, welche diese Struktur maßgeblich ausbilden. Besonders intensiv ist diese Struktur bei globulären Proteinen erkennbar (wie beispielsweise im Myoglobin). Diese unterscheiden sich aufgrund ihrer ellipsoiden Struktur maßgeblich von den Strukturproteinen, die analog zu den Polypeptidketten spiralförmig oder gefaltet vorliegen.

Ihre endgültige Funktion erlangen Proteine meist jedoch erst im Zusammenspiel mit anderen Proteinen unter Anlagerung und Bildung eines Proteinkomplexes. Coulomb-Wechselwirkungen und Van-der-Waals Kräfte bilden dabei die stabilisierenden Wechselwirkungen zwischen den einzelnen Untereinheiten. Diese Struktur wird als **Quartärstruktur** bezeichnet. Ein bekanntes Beispiel hierfür ist Hämoglobin, das aus vier Globin Untereinheiten besteht.

2.3   Nukleinsäuren, DNA[3]

1962 erhielten James Watson, Francis Crick und Maurice Wilkins „Für ihre Entdeckungen über die Molekularstruktur der Nukleinsäuren und ihre Bedeutung für die Informationsübertragung in lebender Substanz" den Nobelpreis für Medizin. Kurz gesagt: Für die Entschlüsselung der DNA (Desoxyribonucleinacid). Heutzutage ist die DNA, der Träger unserer Erbinformationen, in den Mittelpunkt der Forschung gerückt und wird in vielfältigster Weise untersucht, modifiziert und ausgelesen. Daher ist es essenziell sich mit den Grundlagen, also dem chemischen Aufbau der DNA, auseinanderzusetzen.

Nukleinsäuren
Bereits 1871 wurde durch den Forscher Friedrich Miescher erkannt, dass die Träger der Erbinformation chemische Verbindungen sind. Diese bezeichnete er damals als Nuklein. Von uns werden diese Verbindungen heute als Nukleinsäuren bezeichnet. Hierbei kann zwischen Desoxyribose-haltigen Nukleinsäuren, den Desoxyribosenukleinsäuren (DNS oder aus dem Englischen desoxyribonucleinacid – DNA) oder den Ribose-haltigen Ribonukleinsäuren (RNS oder aus dem Englischen ribonucleinacid – RNA) unterschieden werden. Sie bestehen aus Monomeren, die als **Nukleotide** bezeichnet werden. Diese unterteilen sich wiederum in **Nukleoside** und dem Phosphat-Rückgrat.

Nukleoside bestehen aus den zwei Bestandteilen: einer Nukleobase (Stickstoffbase) und einem Zucker, die N-gykosidisch verknüpft sind. Der Zucker ist eine Pentose, die in allen Nukleosiden der DNA eine 2-Desoxy-D-Ribose und in denen der RNA eine D-Ribose ist. Den Nukleobasen liegen zwei Grundgerüste zugrunde. Einerseits gibt es die Purinbasen (Adenin, Guanin) und andererseits die Pyrimidinbasen (Cytosin, Thymin, Uracil). Diese mit Pentose N-glykosidisch verknüpften Basen heißen Adenosin, Cytosin, Uridin, Thymin und Guanin. Wird

---

[3](Berg et al. 2013) (Breitmaier und Jung 2012) (Graw 2010).

an der freien exocyclischen Hydroxylgruppe eine Veresterung vorgenommen, so werden die Nukleotide erhalten. Die Phosphorsäureester können sowohl Mono-, Di- oder Triphosphate sein. Von den Nukleotiden ist es nun nur noch ein kleiner Schritt zum DNA/RNA-Gerüst, denn dazu werden die Zucker über die Phosphatgruppe und die Hydroxylgruppe verknüpft.

In der Literatur hat sich zur genaueren Beschreibung des Nucleotidaufbaus bewährt, die C-Atome der Pentose von $1'$ bis $5'$ durchzunummerieren. Begonnen wird mit $1'$ an der Verknüpfung der Pentose mit der Nukleobase. Die Nucleotide werden also durch die Veresterung der 5'-OH-Gruppe ausgehend von den Nukleosiden erhalten. (Wissenswert ist die Gegebenheit, dass in der DNA die Basen Adenosin, Thymin, Cytosin und Guanin vorkommen, wohingegen in der RNA Thymin durch die Stickstoffbase Uracil ersetzt ist). In der folgenden Abbildung sind die Nukleobasen und Nucleoside aufgeführt (Abb. 2.21).

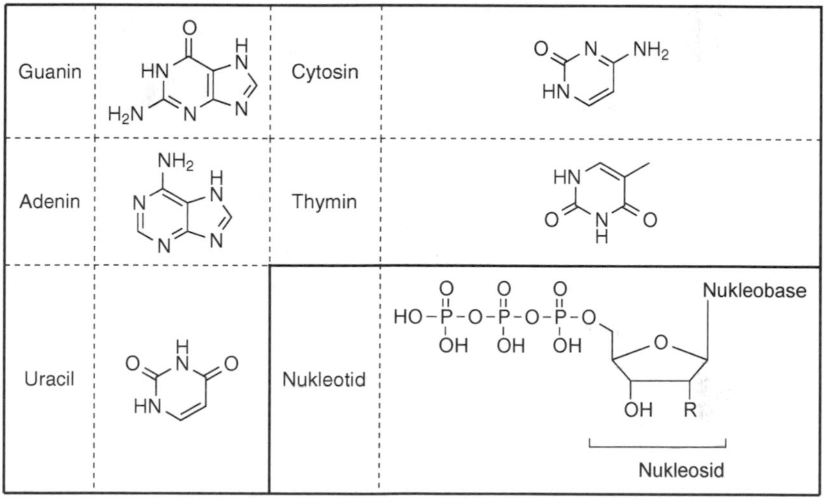

Abb. 2.21 Nucleobasen und Nucleoside.

Die über Phosphatdiester verknüpften Zucker bilden das Rückgrat der Nukleinsäuren. Die Nukleobasen sind daher Seitenketten, die mittels Wasserstoffbrückenbindungen andere Nukleobasen an sich binden können. Dabei formt aber nur jeweils Adenin mit Thymin und Cytosin mit Guanin stabile Wasserstoffbrückenbindungen. Die feste Zuordnung ist dadurch bedingt, dass Adenin und Thymin nur zwei Wasserstoffbrücken, Cytosin und Guanin aber drei Wasserstoffbrücken ausbilden können. Zusätzliche Stabilität wird durch die Stapelkräfte der einzelnen Basen und durch die Wechselwirkungen der π-Elektronensysteme der einzelnen Basen eingebracht. Hierbei zeigen Adenosin, Cytosin und Guanin gute und Thymin schlechte Stapelkräfte. Durch die Verknüpfung der Basen untereinander kann aus zwei komplementären Nukleinsäuresträngen die DNA-Doppelhelix entstehen.

In wissenschaftlichen Texten und anderen Lehrbüchern wird oft vom 3'- und 5'- Ende gesprochen. Das gibt an, welches Ende des Pentoserückgrat der RNA und DNA nicht gebunden ist. Dabei bezieht sich 3'- und 5'- auf das C-Atom der jeweiligen Pentose, wie in der obigen Beschreibung bereits erwähnt. Der Doppelstrang der DNA ist immer gegenläufig verknüpft, das bedeutet, dass der eine Strang mit dem 3'-Ende endet und der andere mit dem 5'-Ende an derselben Seite. Dieser Doppelstrangaufbau macht die DNA sehr stabil und resistent gegen viele schädliche Einflüsse (Abb. 2.22).

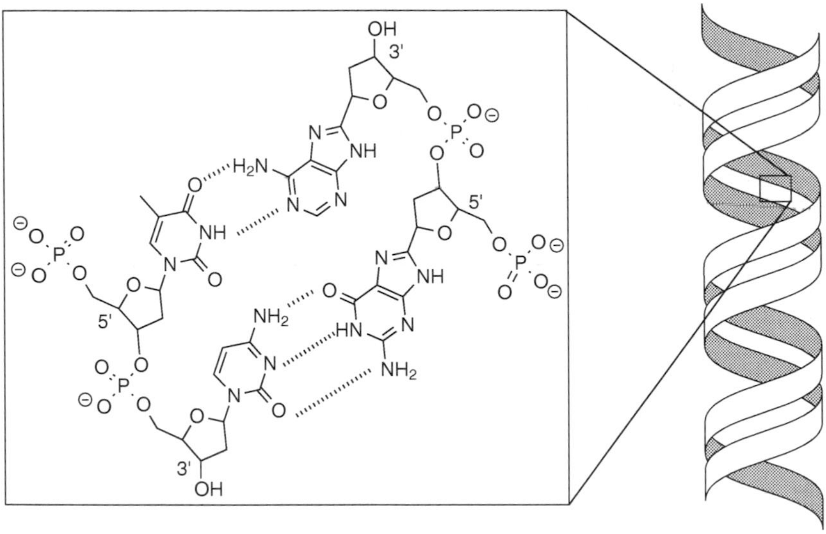

Abb. 2.22 Aufbau der DNA.

Die Nucleoside der RNA sind ebenso über die Phosphatdiester verknüpft. Jedoch liegt die RNA nur in Einzelsträngen vor. Das ist dadurch bedingt, dass die RNA andere Aufgaben zu erledigen hat. Beispielsweise soll die DNA in Eukaryoten ausschließlich im Zellkern anzutreffen sein und dort die Erbinformation speichern. Die RNA hingegen bringt die Informationen der DNA zu den entsprechenden Orten in der Zelle, wo jene benötigt wird. Daher muss die RNA einfach durch Membranen gelangen können und das funktioniert am besten in der kompakten Einzelstrangform. Eine der Hauptaufgaben der RNA ist ihre Rolle in der Proteinbiosynthese, wie im nächsten Abschnitt erläutert wird.

Transkription und Translation

Die Proteinbiosynthese besteht im Allgemeinen aus zwei Teilen: der Transkription der DNA und der Translation. Beide sollen in diesem Zusammenhang nur kurz und in übersichtlicher Form behandelt werden.

Als **Transkription** wird der Synthesevorgang der mRNA (messenger RNA) aus der DNA im Zellkern beschrieben. Dies geschieht folgendermaßen: Die RNA-Polymerase bindet an den Promoter der DNA und es entsteht der „geschlossener Komplex". Diese Bindungsstellen sind die -10 Region (TATA-Box oder Pribnow-Box) und die -35 Region der DNA. Anschließend erfolgt ein lokales Aufschmelzen der DNA im Bereich des Transkriptionsstarts, wodurch ein freiliegender Einzelstrang entsteht und der RNA-Polymerase Komplex sich in den „offenen Komplex" umwandelt und dadurch die Transkription einleitet. Dann beginnt die RNA-Polymerase einen neuen, komplementären RNA-Strang aufzubauen. Es entsteht für ein kurzes Stück eine hybride DNA-RNA-Sequenz. Dies geschieht in $5'$-Richtung solange bis die gewünschte Sequenz synthetisiert ist und sich die RNA ablöst. Dieser RNA-Strang wird bei Eukaryoten auch Prä-RNA genannt, da er neben den codierenden Sequenzen (Exons) auch nicht codierende Sequenzen (Introns) enthält Bei Prokaryoten entfallen die Bereiche der Exons. Letztere werden herausgeschnitten (gespliced) und die fertige mRNA kann aus dem Zellkern in das Cytoplasma transportiert werden. In den sich im Cytoplasma befindlichen Ribosomen findet nun mittels der mRNA die Proteinbiosynthese (Translation) statt.

Die bei der Transkription erhaltene m-RNA, welche zu den Ribosomen gewandert ist, stellt die Verknüpfung zwischen Transkription und Translation dar. Je drei aufeinanderfolgende Nukleobasen auf der mRNA werden als Codon bezeichnet und codieren für eine bestimmte Aminosäure. Da jedoch die Aminosäure keine *codierende* Stelle besitzt, ist ein zusätzliches Transportsystem notwendig. Dies ist die tRNA (transfer-RNA). Die tRNA besteht aus einer Basensequenz aus Nukleobasen, welche unter anderem ein Basentriplett enthält, welches komplementär zu einem Codon auf der mRNA ist. Jene Nukleobasen des Codons und werden daher auch Anticodons genannt. An der anderen Seite der tRNA befindet sich die entsprechende Aminosäure. Die mRNA wird ausgelesen, indem die tRNA an die mRNA andockt und sich danach die Aminosäuren an deren Enden verknüpfen. Somit entsteht eine spezifische Aminosäurensequenz mithilfe der tRNA.

Grundsätzlich kann der Vorgang der Translation in **drei Phasen** eingeteilt werden:

* **Initiation**
* **Elongation**
* **Termination**

Bei der **Initiation** erfolgt die Bindung der ersten Aminosäure eines Proteins oder Polypeptides durch die mRNA an das Ribosom. Hierfür muss zunächst die mRNA erfolgreich an ein Ribosom gebunden werden. Dies geschieht an der purinreichen Sequenz (Prokaryoten) auf der mRNA, welche Shine-Delgaro-Sequenz genannt wird. Bei den Prokaryoten ist die fMet-tRNA für den Beginn der Proteinsynthese am Startcodon (AUG) zuständig. Hierfür erfolgt nach der Bindung der mRNA an die kleine Untereinheit der Ribosomen, der Zusammenbau des Kompletten Ribosoms, bestehend aus der kleinen und der großen Untereinheit und zahlreichen zusätzlichen Translationsfaktoren. Diese neu gebildeten Ribosomen besitzen mehrere Bindungsstellen: die P-Stelle (Peptidylbindungsstelle), die A-Stelle (Aminoacylbindungsstelle) und die E-Stelle (engl. exit site). Zu Beginn befindet sich die fMet-tRNA an der P-Bindungsstelle. Im Anschluss erfolgt die Knüpfung der Peptidbindung mit der nächsten codierten Aminosäure an der A-Bindungsstelle und die Peptidkette wächst und wird wieder an die P-Stelle verschoben. Das Peptid ist nun um eine Aminosäure verlängert, wobei es gleichzeitig zur Freisetzung des ersten tRNA-Moleküls an der E-Stelle kommt. Nun geht die Initiation in die **Elongation** über und es erfolgt die Verlängerung der Peptidkette bis ein Stopcodon erreicht wird. Durch Erreichen eines Stopcodons wird die **Termination** eingeleitet und die synthetisierte Polypeptidkette vom Ribosom freigesetzt.

Lipide – von Fettsäuren zu Membranen

3

Die Gruppe der Lipide wurde nicht aufgrund der ähnlichen Molekülstruktur der Verbindungen zusammengefasst, sondern aufgrund ihrer ähnlichen Eigenschaften. Alle dieser Gruppe zugehörigen Verbindungen sind aufgrund ihrer langkettigen, aliphatischen Reste hydrophob. Das bedeutet, dass sie wasserunlöslich sind und nur eine gute Löslichkeit in apolaren Lösungsmitteln, wie beispielsweise in Chloroform oder Diethylether, zeigen.

3.1 Fette, Öle und Wachse[1]

Fettsäuren

Hinter dem Begriff Fettsäuren verbergen sich unverzweigte Monocarbonsäuren, wovon einige $C = C$ Doppelbindungen (ungesättigte Fettsäuren) enthalten. Fettsäuren ohne $C = C$ Doppelbindungen werden als gesättigt bezeichnet. In der Natur kommen Fettsäuren meist mit einer geraden Anzahl an Kohlenstoffatomen vor, da sie in der Biosynthese aus Essigsäure-Molekülen aufgebaut werden. Abb. 3.1 zeigt eine Übersicht über einige gesättigte und ungesättigte Fettsäuren, deren Trivialnamen und die Anzahl an Kohlenstoffatomen und $C = C$ Doppelbindungen. Diese werden meist als Verhältnis im Index dargestellt. So entspricht der Index 18:1 (Ölsäure), einer Fettsäure mit 18 Kohlenstoffatomen und einer Doppelbindung. Meist wird zusätzlich zur Anzahl der Doppelbindung in einer Klammer die Position und die Konformation *(cis* oder *trans)* dieser angegeben. Im Falle der Ölsäure, wäre somit der Index 18:1 (9c).

---

[1](Breitmaier und Jung 2012) (Munk 2008) (Habermehl et al. 2008).

© Springer Fachmedien Wiesbaden 2017
F. Ebner et al., *Naturstoffe und Biochemie,* essentials,
DOI 10.1007/978-3-658-15439-4_3

Strukturformel	Trivialname	Kurzform
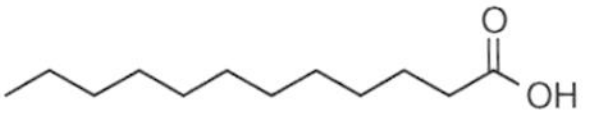	Laurinsäure (Dodecansäure)	$C_{12:0}$
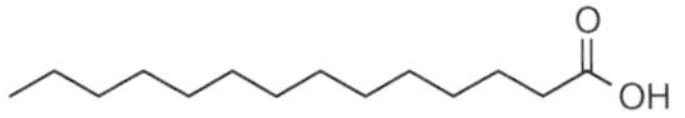	Myristinsäure (Tetradecansäure)	$C_{14:0}$
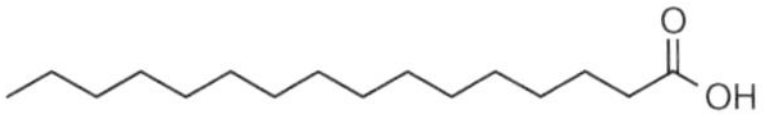	Palmitinsäure (Hexadecansäure)	$C_{16:0}$
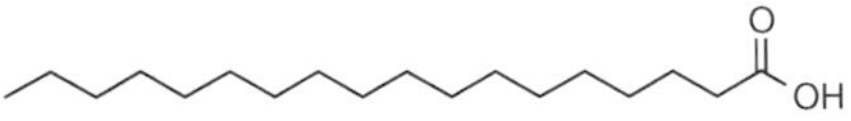	Stearinsäure (Octadecansäure)	$C_{18:0}$
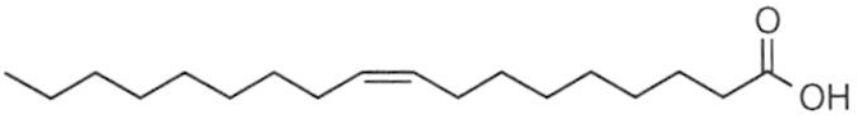	Ölsäure	$C_{18:1(9c)}$
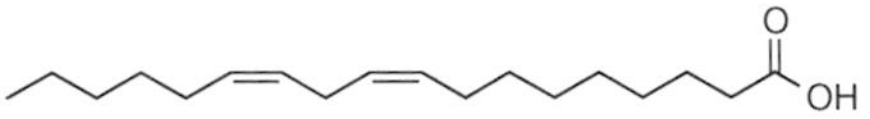	Linolsäure	$C_{18:2(9c,12c)}$
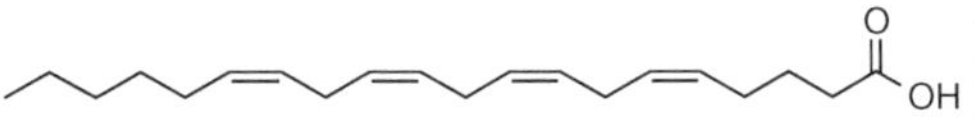	Arachidonsäure	$C_{20:4(5c,8c,11c,14c)}$
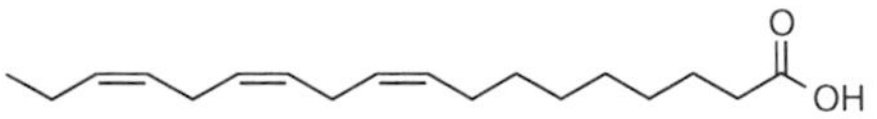	a-Linolensäure	$C_{18:3(9c,12c,15c)}$

Abb. 3.1 Übersicht über einige gesättigte und ungesättigte Fettsäuren.

Im täglichen Leben wird oft der Begriff der Omega-n-Fettsäuren verwendet. Diese sind ungesättigte Fettsäuren, wobei „n" die Position der ersten Doppelbindung angibt, wenn vom Omega-Ende (dem der Carboxygruppe gegenüberliegendem Ende des Moleküls) aus zu zählen begonnen wird. Omega-3-Fettsäuren tragen ihre erste Doppelbindung demnach an der dritten Position und sind für den Körper essenziell, da dieser nicht in der Lage ist sie selbst herzustellen. Wichtige Vertreter dieser Gruppe sind beispielsweise die α-Linolensäure und die Stearidonsäure.

Fette und Öle

Die Ester der Fettsäuren werden als Fette, Öle und Wachse bezeichnet. Fette und Öle sind die Ester des dreiwertigen Alkohols Glycerin (1,2,3-Propantriol) (Abb. 3.2).

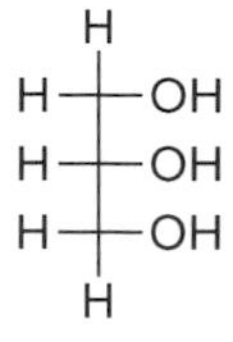

Abb. 3.2 Darstellung
eines Glycerin-Moleküls.

$$
\begin{array}{c}
H \\
H-\!\!\!\!|-OH \\
H-\!\!\!\!|-OH \\
H-\!\!\!\!|-OH \\
H \\
\text{Glycerin}
\end{array}
$$

Hierbei ist jede der drei OH-Gruppen des Glycerins mit einer Fettsäure verestert. Diese Verbindungen werden als Triglyceride bezeichnet. In natürlichen Fetten und Ölen liegt eine Mischung aus vielen unterschiedlichen Triglyceriden vor.
Abb. 3.3 zeigt ein Beispiel für ein Triglycerid-Molekül, in welchem drei unterschiedliche Fettsäuren gebunden sind.

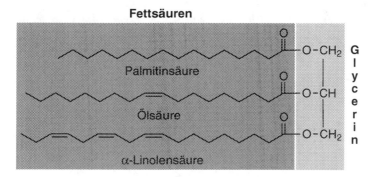

Abb. 3.3 Aufbau eines Triglycerid-Moleküls.

Die Unterscheidung zwischen Fetten und Ölen beruht auf ihrem Aggregatzustand bei Raumtemperatur. Je höher der Anteil an ungesättigten Fettsäuren ist,
desto niedriger liegt der Schmelzpunkt. Aufgrund dessen sind Fette bei Raumtemperatur fest und Öle flüssig.

Wachse

Wachse kommen in tierischen und pflanzlichen Produkten vor, wie beispielsweise in Bienenwachs oder Walrat und setzen sich aus längerkettigen Fettsäuren
(C_{16}–C_{36}), welche mit einem primären Alkohol verestert sind, zusammen.

3.2   Reaktionen der Lipide[2]

Fetthärtung

Mittels der Nickel-katalysierten Hydrierung können Öle in Fette überführt werden. Diese sogenannten **Fetthärtung** erfolgt durch Addition von Wasserstoff an die Doppelbindungen, wodurch diese zerstört werden. Somit lassen sich selektiv die Eigenschaften der Fette festlegen. Beispielsweise können hierdurch Fettsäuren aus Pflanzenölen und Tranen in Produkte wie Seifen und Kochfette verarbeitet werden. Margarine enthält zum Beispiel gehärtete Fette. Ein positiver Aspekt der Fetthärtung von Produkten, die für den Verzehr bestimmt sind, ist die Reduktion des ranzigen Geruchs, der durch die natürliche Oxidation der Fette an Luft entsteht.

Verseifung

Die alkalische Hydrolyse (**Verseifung**) der Triglyceride (Abb. 3.4) erfolgt zumeist in Ethanol oder Methanol. Oft kommt eine 0,3 bis 1,0 normale wässrige, methanolische Kalilauge zum Einsatz. Beim Erhitzen des Gemischs werden wasserlöslichen Seifen erhalten. Wird methanolische Kalilauge verwendet, entstehen die Kaliumsalze der Fettsäuren. Wird hingegen Natronlauge eingesetzt entstehen die Natriumsalze. Durch anschließendes Ansäuern können die freien Fettsäuren gewonnen werden.

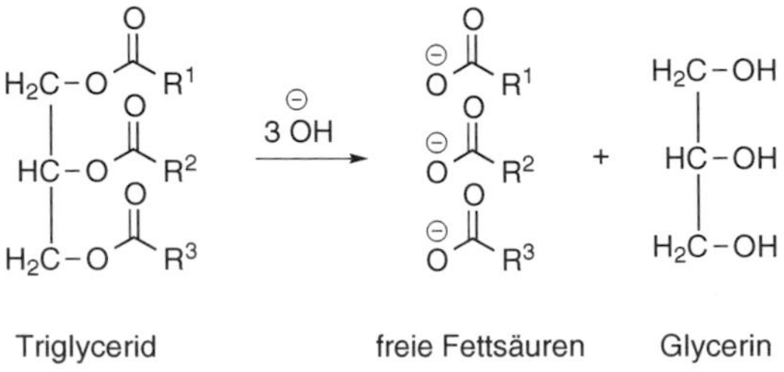

Abb. 3.4 Alkalische Hydrolyse eines Triglycerids.

Triglycerid   freie Fettsäuren   Glycerin

Im technischen Maßstab verwendet man oftmals die Variante der basischen Verseifung unter CaO-Katalyse mit Wasser bei erhöhtem Druck und 170 °C für 8 h. Eine weiteres technisches Verfahren ist die saure Verseifung, auch **TWITCHELL**-Verfahren genannt. Das **TWITCHELL**-Verfahren wurde nach seinem

---

[2](Breitmaier und Jung 2012) (Munk 2008).

Erfinder Ernst Twitchell benannt. Hier kommt eine 1–2 %ige Schwefelsäure zum Einsatz. Die Fettspaltung erfolgt unter Atmosphärendruck bei 100 °C für 24 h. Verwendung findet das TWITCHELL-Verfahren bei der Gewinnung von Glycerin. Eine mildere und damit alternative Methode wäre eine enzymatische Spaltung mittels Lipasen bei einer Temperatur von 40 °C.

Für die Herstellung der meisten handelsüblichen Seifen wird Talg, ein aus geschlachteten Wiederkäuern gewonnenes Körperfett, verwendet. Die Verseifung erfolgt mittels Natronlauge, wodurch die Natrium-Salze der Fettsäuren entstehen. Im Handel werden diese Produkte als Natronseifen oder Kernseifen, die Kalium-Salze hingegen als Kaliseifen oder Schmierseifen bezeichnet. Nach dem Verseifungsprozess können durch Veränderung der Löslichkeit und mittels Aussalzen mit Kochsalz-Zusatz die Fettsäuren vom Wasser und Glycerin getrennt werden.

Hintergrundinformation
Die Wirkung von Seifen als Reinigungsmittel beruht unter anderem auf der Senkung der Oberflächenspannung. Diese Eigenschaft ist jedoch von der Löslichkeit der Seife abhängig. Beispielsweise sind Salze von Alkansäuren über C_{22} wasserunlöslich. Im Gegensatz dazu sind die Salze der Laurin- (C_{12}) und der Myristinsäure (C_{14}) sogar in Meerwasser sehr gut löslich. Die Problematik bei Meerwasser und sehr „hartem" Wasser (hoher Gehalt an $CaCO_3/CaCO_4$) liegt in der Konzentration der bereits gelösten Ionen. Die zweiwertigen Kationen, wie Ca^{2+} und Mg^{2+} bilden mit Palmitin- und Stearinsäure schwer lösliche Salze, welche ausfallen und den effektiven Gehalt an Seife im Wasser erniedrigen. Daher muss die Waschmittel- bzw. Seifenmenge bei „hartem" Wasser erhöht werden um die gleiche Reinigungswirkung wie in „weichem" Wasser zu erzielen. Alternativ zur Konzentrationserhöhung können Komplexbildner, wie Meta- und Polyphosphate, als Zusatzstoffe eingesetzt werden, welche die zweiwertigen Kationen in Lösung halten und das Ausfällen der schwerlöslichen Salze verhindern. Diese Zusatzstoffe werden in der Industrie als Enthärter bezeichnet.

Umesterung
Eine weitere Reaktion der Triglyceride ist die säurekatalysierte Umesterung (Abb. 3.5). Die Reaktion erfolgt in Gegenwart von Methanol und als Produkte

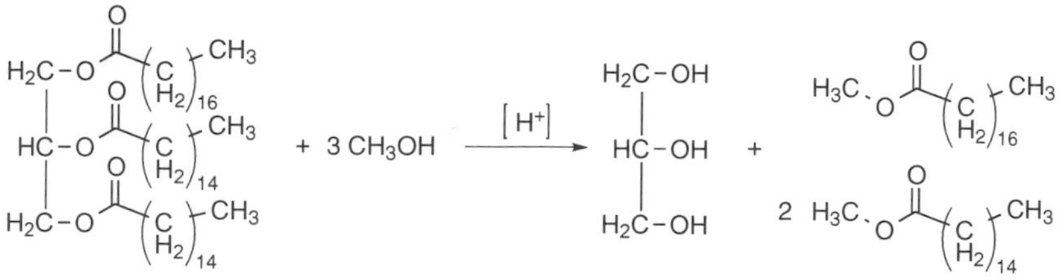

Abb. 3.5 Säurekatalysierte Umesterung eines Triglycerids.

werden Fettsäuremethylester erhalten. Hierbei startet die Reaktion im sauren Milieu mit der Protonierung des Carbonyl-Sauerstoffatoms und wird gefolgt von einem Angriff des Alkohols auf das Carbonyl-Kohlenstoffatom.

Erfolgt beispielsweise die Umesterung der im Rapsöl enthaltenen Triglyceride, entstehen Rapsölmethylester, welche auch als RME bezeichnet werden. Diese werden als Ersatz- oder Zusatzstoffe zu Dieselkraftstoffen und als Lösungsmittel eingesetzt.

Reaktionen der ungesättigten Fettsäuren

Aufgrund der $C = C$ Doppelbindungen können ungesättigte Fettsäuren an der Luft über Hydroxyperoxide autooxidiert werden. Diese Reaktion führt zu braunen, viskosen Produkten und werden bei Speiseölen und Fetten einen charakteristischen Geruch besitzen, der vom Menschen als ranzig wahrgenommen wird. Die Autooxidation der Ölsäure soll hierfür im Folgenden als Beispiel dienen (Abb. 3.6). Hier läuft die Autooxidation über ein mesomeriestabilisiertes Allyl-Radikal ab, welches, durch die Abspaltung eines H-Atoms an einer zur $C = C$ Doppelbindungen α-ständigen Methyl-Gruppe entsteht.

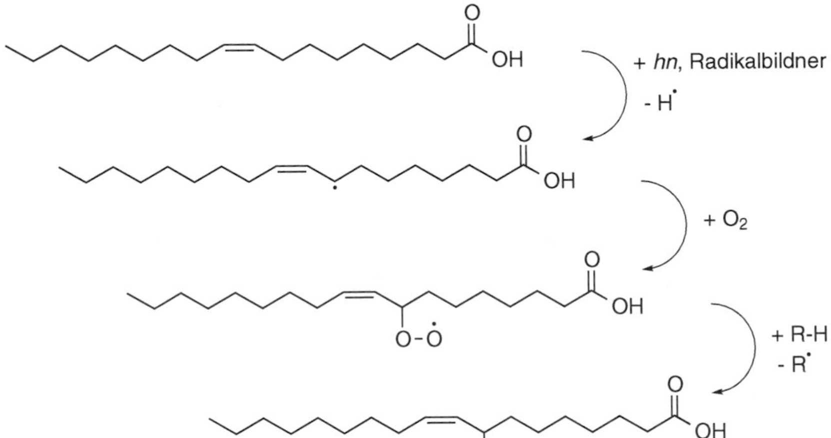

Abb. 3.6 Autooxidation der Ölsäure.

Polymerisation der ungesättigten Fettsäuren
Eine weitere Reaktion ist die Polymerisation. Diese kann durch langes Erhitzen von Polyensäuren bei 300 °C erreicht werden. Auch unter den Folgeprodukten der Hydroxyperoxide (Epoxide, Mono-, Dihydroxy- und Oxosäuren usw.) können Polymerisationsprodukte entstehen.

3.3   Analytik der Lipide[3]

Die Quantifizierung von Fettsäuren stellt ein wichtiges Verfahren in der Lebensmittelchemie, der Biochemie und der Medizin dar. Zur chemischen Analytik werden für diesen Zweck unterschiedliche Kennzahlen herangezogen, die es ermöglichen den Gehalt an freien Fettsäuren zu bestimmen.

Fettkennzahlen
Eine dieser Größen ist die **Säurezahl,** welche angibt, wie viel mg Kalilauge notwendig sind um 1 g an freien Fettsäuren zu neutralisieren. Die Ermittlung der Säurezahl erfolgt durch Titration. Hierbei wird die Probe in einem organischen Lösungsmittel gelöst und anschließend mit Phenolphthalein als Indikator gegen Kalilauge titriert. Als Ergebnis wird eine Säurezahl erhalten, welche eine Auskunft über die Qualität des Fettes oder Öls gibt, in Bezug auf die Menge an freien Fettsäuren. Im Allgemeinen kann gesagt werden, dass je höher die Säurezahl ist, desto geringer ist die Qualität.

Zusätzlich zur Ermittlung der Säurezahl, erfolgt die Bestimmung der **Verseifungszahl.** Mit dieser Kennzahl werden die esterartig gebundenen Fettsäuren nach quantitativer Verseifung erfasst. Im Labor erfolgt eine Rücktitration. Vor der Titration wird die Probe mit einem Überschuss an ethanolischer Kalilauge unter Rückfluss erhitzt. Die nicht verbrauchte Menge an Kalilauge wird anschließend durch Titration mit Salzsäure in Anwesenheit eines Farbindikators bestimmt. Mit dem erhaltenen Ergebnis (mg verbrauchte Kalilauge/g Lipid) kann ein Rückschluss auf die molare Masse der Fettsäuren erfolgen, denn es gilt, je größer die Verseifungszahl ist, desto kleiner ist die molare Masse (kurzkettige Fettsäuren).

Die **Esterzahl** wird aus der Differenz der Verseifungs- und der Säurezahl berechnet und gibt Auskunft darüber, wie viel mg Kaliumhydroxid gebraucht wird um die in 1 g Fett oder Öl enthaltenen Esterbindungen zu verseifen.

---

[3](Breitmaier und Jung 2012).

Um den Gehalt an C = C Doppelbindungen zu bestimmen, wird eine Fett-
probe in Chloroform gelöst und mit einem Überschuss an Brom titriert. Das
unverbrauchte Brom wird anschließend iodometrisch bestimmt. Als Ergebnis
wird die **Iodzahl** (g addiertes Iod/100 g Fett oder Öl) erhalten. Eine weitere Mög-
lichkeit zur Bestimmung des Gehalts an C = C Doppelbindungen ist die Hydrier-
zahl (mg verbrauchter Wasserstoff/10 g Fett oder Öl).

Gaschromatografische Analyse und Massenspektrometrie
Zusätzlich zu der chemischen Analytik zur Bestimmung der Fettkennzahlen
wird die quantitative und qualitative Untersuchung mittels Gaschromatografie
und Massenspektrometrie (GC–MS) eingesetzt. Vor allem Fettsäuren werden
mit dieser Methode analysiert. Für die chromatografische Trennung müssen die
Fettsäuren zuvor in ihre jeweiligen Methylester überführt werden. Dies wird
entweder durch saure Methanolyse, Methylierung mit Diazomethan in Diethylether oder Veresterung mit 7 % Bortrifluorid in Methanol erreicht. Anschließend
an eine gaschromatografische Trennung mithilfe einer polaren stationären Phase
aus Polyester von Diolen (170–195 °C) oder durch apolare, stationäre Phasen
wie Apiezon L (bis 240 °C) erfolgt eine Identifizierung mittels Massenspektrometrie.

3.4   Phospholipide, Glycolipide und Sphingolipide[4]

Phospholipide (Phosphatide)
Unter dem Begriff **Phospholipide** werden Triglyceride verstanden, in welchen
eine Fettsäure durch ein Ethanolamin über eine Phosphorsäurediester-Brücke
ersetzt wurde. Da die Amino-Gruppe positiv und ein Sauerstoffatom des Phos-
phat-Restes negativ geladen ist, entsteht am polaren Kopf eine Zwitterionenstruk-
tur mit starkem hydrophilem Charakter. Die langen Fettsäurereste hingegen sind
hydrophob (Abb. 3.7).
Mit diesen Eigenschaften sind Phospholipide die wesentlichen Bausteine in
Lipid-Doppelschichten von biologischen Membranen. In angereicherter Form
können sie im menschlichen Körper beispielsweise im Nervengewebe, im Gehirn,
in der Leber und im Herz gefunden werden.

---

[4](Nelson 2009) (Breitmaier und Jung 2012) (Habermehl et al. 2008).

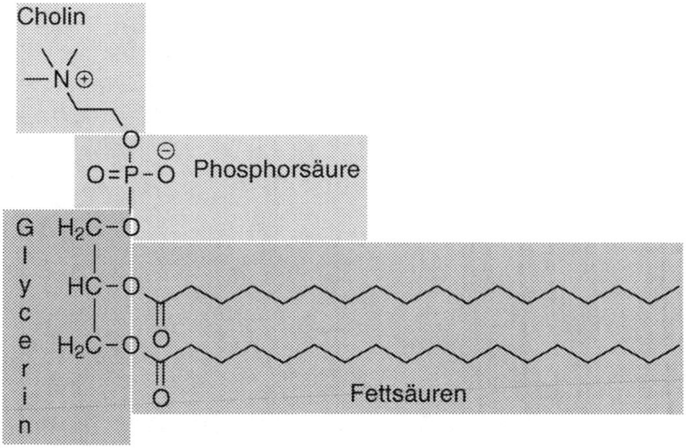

Abb. 3.7 Darstellung eines Phospholipid-Moleküls.

Hintergrundinformation

Lipid-Membrane entstehen aufgrund der Eigenschaft, dass polare Lipide in wässriger Umgebung geordnete Strukturen ausbilden. Diese werden Lipid-Doppelschichten genannt. Je nach räumlicher Struktur können sie planar oder kugelförmig auftreten. In letzterem Fall werden sie als Micellen, Vesikel oder Liposome bezeichnet und erfüllen unterschiedliche Funktionen in der Zelle.

Zwischen den einzelnen Lipid-Molekülen in einer Lipid-Membran führen intermolekulare Wechselwirkungen, die van-der-Waals-Kräfte, zu Aggregaten der Lipid-Moleküle mit bevorzugter Konformation. Phospholipiden ist es durch Ionen-Dipol-Wechselwirkungen zudem möglich große Mengen an Wasser zu binden. In der Natur bestehen Lipide immer aus einer Mischung von unterschiedlichen Fetten, was eine Vielzahl von unterschiedlichen Zusammensetzungen und eine große Vielfalt an Membran-Bausteinen zur Folge hat.

Glycolipide und Sphingolipide

Sphingolipide leiten sich vom Sphingosin ab, einem langkettigen Aminoalkohol. Die Kernstruktur bildet dabei das Fettsäureamid Ceramid, von welchem sich wiederum alle komplexeren Sphingolipide ableiten. Sie kommen in Tieren und Pflanzen vor und spielen eine tragende Rolle bei unterschiedlichen Gehirnkrankheiten, wo es zu einer vermehrten Bildung dieser Verbindungen kommt. Sphingoglycolipide (Sphingolipide mit einem Zucker-Rest) werden auch in den Gangliosiden gefunden. Ganglioside können aus dem Gehirn isoliert und anschließend charakterisiert werden, zudem sind sie in die synaptische Reizleitung involviert und spielen eine wichtige Rolle bei der interzellulären und der Zell-Virus-Wechselwirkung.

Glycolipide hingegen besitzen wie die Phospholipide einen hydrophilen Kopf, jedoch ist dieser ein Zucker-Rest und daher nicht geladen. In folgender Abbildung sind Beispiele für Strukturen der Sphingo- und Glycolipide angeführt (Abb. 3.8).

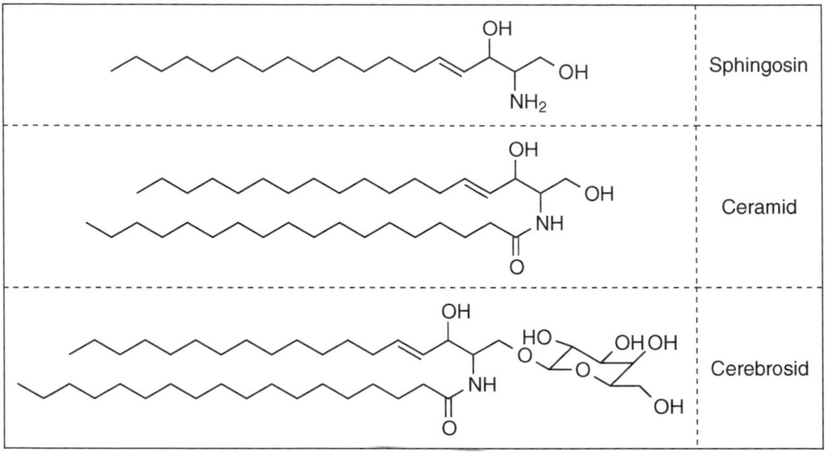

Abb. 3.8 Ausgewählte Beispiele für Sphingo- und Glycolipide.

Terpene – von Zitronen und Kautschuk*

4

Terpene gehören zu der Naturstoffklasse der Lipide. Wie alle Lipide besitzen Terpene lipophile/hydrophobe Eigenschaften und sind somit schlecht in Wasser löslich. Führende Wissenschaftler in diesem Gebiet sind O. Wallach, F. W. Semmler, F. Lynen und K. Block.

Der deutsche Chemiker August Kekulé benannte die Terpene nach dem Baumharz Terpentin, welches aus Harzsäuren und Kohlenwasserstoffen besteht. Diese Kohlenwasserstoffe werden aus Isopreneinheiten gebildet.

Isopren ist der Trivialname für 2-Methyl-1,3-butadien mit der Summenformel C_5H_8 Die Isopreneinheiten bestehen aus einem Kopf und einem Schwanz. Bei der Bildung von Terpenen können drei verschiedene Verbindungsknüpfungen zwischen zwei Isopreneinheiten auftreten (Abb. 4.1).

▷ Auch wenn Isopren als 2-Methyl-1,3-butadien zwei Doppelbindungen am ersten und dritten C-Atom hat, gilt das nicht immer für die Isopreneinheit im Terpen. Da können die Doppelbindungen durch funktionelle Gruppen, z. B. –OH, oder durch die Bindung an eine weitere Isopreneinheit aufgelöst sein. Sie werden trotzdem als Isopreneinheit bezeichnet.

---

*(Vollhardt 2011) (Bruice 2011) (Hart et al. 2007).

© Springer Fachmedien Wiesbaden 2017
F. Ebner et al., *Naturstoffe und Biochemie*, essentials,
DOI 10.1007/978-3-658-15439-4_4

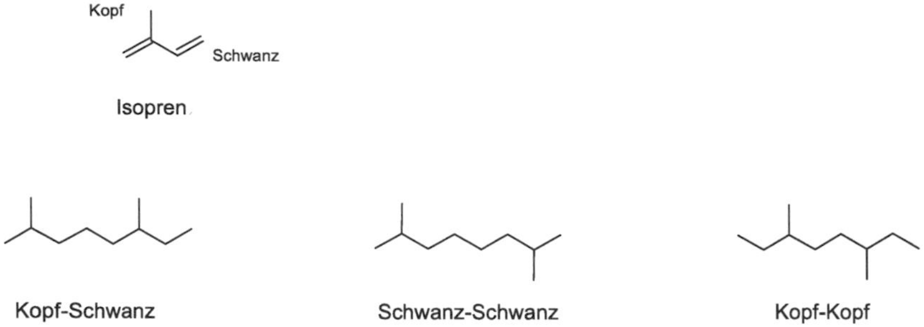

Abb. 4.1 Isopreneinheiten.

Terpene können nach der Anzahl der Isopreneinheit und nach ihrem Zyklisierungsgrad eingeteilt werden (Tab. 4.1).

Tab. 4.1 Einteilung der Terpene nach der Anzahl der Isopreneinheiten.

Terpen	Anzahl Isopreneinheiten	Anzahl Kohlenstoffatome
Hemiterpene	1	5
Monoterpene	2	10
Sesquiterpene	3	15
Diterpene	4	20
Sesterterpene	5	25
Triterpene	6	30
Tetraterpene	8	40
Polyterpene	>8	>40

Die Hemiterpene treten in der Natur eher selten auf. Beispiele sind Prenol, Isovaleriansäure und Angelicasäure.

Eine sehr wichtige Rolle spielen hingegen die **Monoterpene.** Sie sind die Hauptbestandteile von ätherischen Ölen und dienen als Riech-und Duftstoffe. Die natürlichen Duftstoffe können in Parfümen eingesetzt werden. Es sind über 900 verschiedene Monoterpene bekannt. Sie können in azyklische, monozyklische und bizyklische Terpene unterteilt werden.

In Abb. 4.2 und Tab. 4.2 sind einige wichtige Vertreter der drei Untergruppen und deren Vorkommen dargestellt.

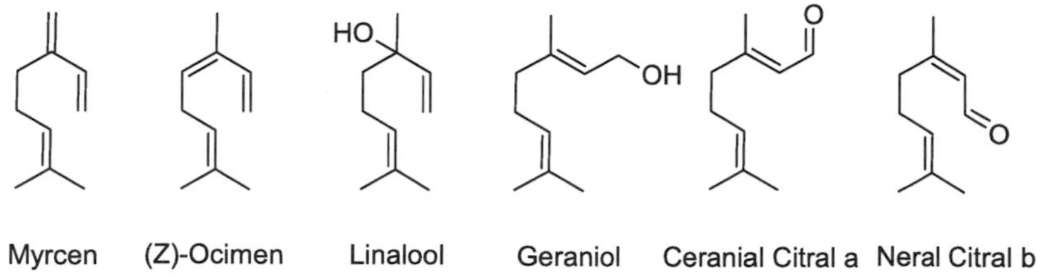

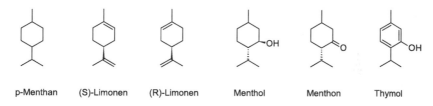

Myrcen (Z)-Ocimen Linalool Geraniol Ceranial Citral a Neral Citral b

Abb. 4.2 Vertreter der azyklischen Monoterpene.

Tab. 4.2 Vorkommen von azyklischen Monoterpenen.

Terpen	Vorkommen
Myrcen	Kiefer, Ingwer, Salbei, Kümmel, Pheromon im Borkenkäfer
Ocimen	Lavendelöl, Basilikumöl
Geraniol	Rosenöl, Koriander, Thymian, Biozide gegen Mücken
Linalool	Lavendelöl, Safran, Zimt, Hopfen, Oregano, Muskat
Geranial Citral a & Neral Citral b	Ätherische Öle in Zitrusarten, Abwehrstoff Ameisen

Die monozyklischen Monoterpene werden aus p-Menthan gebildet (Abb. 4.3 und Tab. 4.3).

p-Menthan (S)-Limonen (R)-Limonen Menthol Menthon Thymol

Abb. 4.3 Vertreter der monozyklischen Monoterpene.

Tab. 4.3 Vorkommen von monozyklischen Monoterpenen.

Terpen	Vorkommen
(S)-Limonen	Zitronen, Fichte, Muskat
(R)-Limonen	Orange, Kümmel, Dill, Koriander
Menthol	Pfefferminze, in Zigaretten, Analgetika,
Menthon	Geraniumöl, Pfefferminze
Thymol	Thymian, Oregano, Majoran, Erkältungsmittel

Die letzte große Gruppe bilden die bizyklischen Monoterpene. Der mittlere Kohlenstoff der Isopropylgruppe des Menthans verbindet sich dabei mit dem zweiten Kohlenstoffatom des Hexonringes. Dabei kann die m-, p- oder o-Stellung auftreten (Abb. 4.4 und Tab. 4.4).

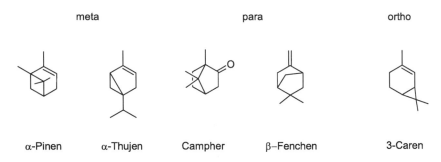

<table>
<tr><td>meta</td><td></td><td>para</td><td></td><td>ortho</td></tr>
<tr><td>α-Pinen</td><td>α-Thujen</td><td>Campher</td><td>β–Fenchen</td><td>3-Caren</td></tr>
</table>

Abb. 4.4   Vertreter der bizyklischen Monoterpene.

Tab. 4.4   Vorkommen von bizyklischen Monoterpenen.

Terpen	Vorkommen
α-Pinen	Kiefern, Terpentinöl, Farbe, Medikamente, Myrte
α-Thujen	Abendländischer Lebensbaum, Mango
Campher	Lorbeere (z. B. Campherbaum)
β-Fenchen	Fenchel, Kümmel
3-Caren	Öl aus schwarzem Pfeffer, Tannen

Die **Sesquiterpene** bestehen aus 3 Isoprenresten und besitzen mehr als 2000 Möglichkeiten diese zu verknüpfen (Abb. 4.5). Diese sind auch Bestandteile von ätherischen Ölen und können biologisch bedeutend sein. Neben den azyklischen, monozyklischen und bizyklischen Terpenen, treten auch trizyklische Sesquiterpene auf. Alle Sesquiterpene werden aus **Farnesylpyrophosphat (FPP)** gebildet.

Ein wichtiger Vertreter der azyklischen Sesquiterpene ist das Nerolidol. Es kann aus der Pomeranze (Bitterorange) gewonnen werden, in der es ein Bestandteil des ätherischen Öls Neroliöl darstellt. Tomaten produzieren ebenfalls dieses Terpen zur Imitation des Lockstoffs für Raubmilben, wenn die Tomaten verletzt sind. Es ist ein Isomer des Farnesols, welches in Maiglöckchen und Rosen als Duftstoff vorkommt. Außerdem dient Farnesol als Membrananker und Biosynthesebaustein zum Beispiel für Cholesterol und Ubichinon. Eine große Bedeutung hat es auch als Juvenilhormon in Insekten, welches das Wachstum und die Häutung reguliert.

Ein monozyklisches Sesquiterpen ist das Bisabolen. Es kommt in der Natur in Zitronen vor und kann als Süßstoff in unserer Nahrung eine Rolle spielen. Es kann im Labor aus Farnesol gewonnen werden, ebenso wie die Azulenverbindungen, welche als bekannte Vertreter der bizyklischen Sesquiterpene gelten. Azulenverbindungen sind nicht benzoide Aromaten und haben ihren Namen von der blauen Farbe ihrer Kristalle. Sie treten zum Beispiel als farbgebende Struktur in der Geranie (Guaiazulen) oder als entzündungshemmender Stoff in der Kamille (Chamazulen) auf.

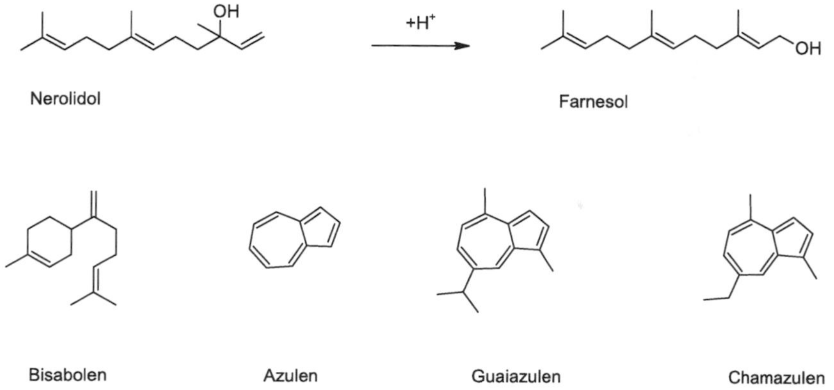

Nerolidol   Farnesol

Bisabolen   Azulen   Guaiazulen   Chamazulen

Abb. 4.5 Vertreter der Sesquiterpene.

Die **Diterpene** bestehen aus 20 C-Atomen und kommen vor allem in Balsamen und Pflanzenharzen vor (Abb. 4.6). Sie entstehen wie die Tetraterpene aus **Geranylgeranylpyrophosphat** (GGPP), welches wiederum vom **Farnesylpyrophosphat** abstammt. Ein Beispiel für ein azyklisches Diterpen ist das Phytol. Es ist Bestandteil des Chlorophylls und bedeutend für die Synthese der Vitamine E und K.

Ein für den Menschen wichtiges monozyklisches Diterpen ist Retinol (Vitamin A). Es ist an der Steuerung unseres Sehvorgangs, unserem Wachstum, unserer Hautfunktion und dem Stoffwechsel beteiligt. Da der Körper Vitamin A nicht selbst herstellen kann, muss es aus der Nahrung aufgenommen werden. Das β-Carotin (Provitamin A), die Vorstufe dieses Vitamins liegt beispielsweise in Karotten vor. Im Körper wird das β-Carotin mit Hilfe von Monooxygenasen zu Retinol gespalten.

Diterpene können auch als Säuren vorliegen, wie die trizyklische Abietinsäure, die in Baumharzen zu finden ist und öfter als Bindemittel in Lacken oder Klebestoffen genutzt wird.

Neben aliphatischen, mono-, bi- und trizyklischen Diterpenen, existieren auch tetrazyklische Diterpene, wie Steviosid oder besser bekannt als Stevia, ein natürlicher Süßstoff aus der Steviapflanze. Dieser ist 450-mal süßer als Zucker und wird zunehmend in der Nahrungsindustrie eingesetzt (Kennzeichnung als E960).

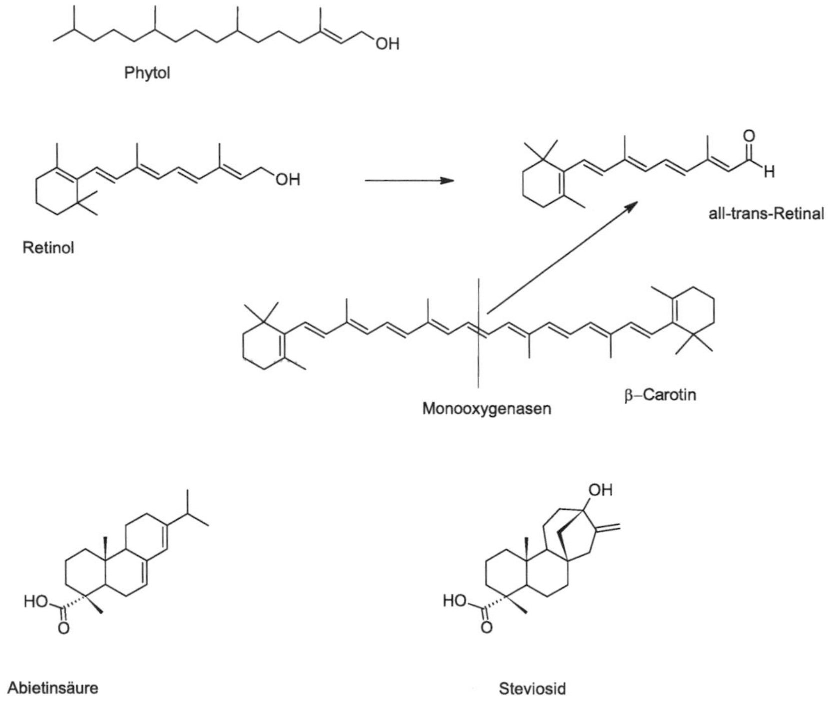

Abb. 4.6 Vertreter der Diterpene.

Triterpene, auch Squalenoide, leiten sich von der offenkettigen Form **Squalen** ab, bei der jeweils 3 Isoprene über eine Kopf-Schwanz-Addition verbunden sind und diese beiden Einheiten über eine Schwanz-Schwanz-Verknüpfung zusammenhalten. Bei der Cyclisierung von Squalen kann **Cholesterin** entstehen, der Grundbaustein für Steroide. Triterpene können aber auch als Hormone auftreten und in Harzen oder Kürbispflanzen vorkommen (Abb. 4.7).

Abb. 4.7 Vertreter der Triterpene.

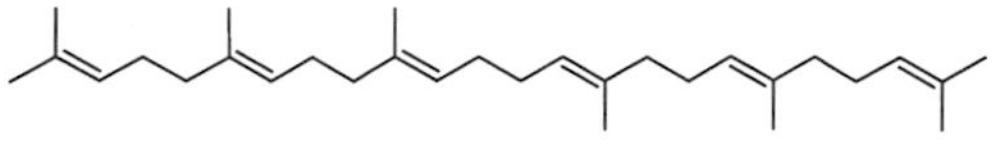

Squalen

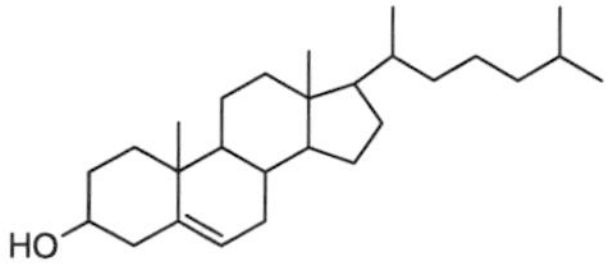

Cholesterin

Trotz theoretisch mehr zur Verfügung stehenden Möglichkeiten, ist die Variabilität der **Tetraterpene** geringer als bei anderen Terpenen. In der Mitte des Moleküls liegt eine Schwanz-Schwanz-Verbindung vor. Die meisten Tetraterpene sind **Carotinoide**. Sie besitzen konjugierte Doppelbindung, die verschiedene Wellenlängen zwischen 430 und 500 nm absorbieren und im Bereich von 580 bis 780 nm remittieren. Dadurch entsteht die gelblich bis rötliche Färbung. Bekannte Beispiele sind Karotten (β-Carotin), Hummer (Cantaxanthin), Flamingos und Mais (Zeaxanthin).

Carotinoide können in Carotine und Xanthophylle unterteilt werden. Letztere unterscheiden sich von den Carotinen im Vorhandensein von Sauerstoffgruppen, wie Hydroxy-, Keto- und Carbonylgruppen.

Hintergrundinformation

Der Flamingo erhält seine Farbe durch seine Nahrung. Durch die Aufnahme carotinoidhaltiger Nahrung (kleine Krebstiere und Algen) und deren Spaltung in der Leber, färbt sich das Gefieder rötlich. Ein Flamingo, der keine Nahrung mit Carotinoiden zu sich nimmt, hat weiße Federn.

Die letzte große Gruppe bilden die **Polyterpene,** welche aus mehr als 8 Isopreneinheiten bestehen. Ein Beispiel ist der für die Industrie bedeutende Naturkautschuk. Bevor Polymere, wie PVC und Plastik, synthetisiert werden konnten, war er relevant für die Gummiproduktion. Weitere Beispiele der Polyterpene sind Guttapercha (in Zahnmedizin verwendet), Solanesol (in Tabak) und Prenylchinone, welche in den Vitaminen K und E vorkommen. Die meisten Polyterpene können nur von Pflanzen gebildet werden.

Neben der Gewinnung der Terpene aus Pflanzen und ätherischen Ölen, beispielsweise durch Destillation oder Chromatografie, können die Terpene auch synthetisiert werden. Die Biosynthese wurde von Feodor Lynen und Konrad Bloch 1964 entdeckt und über den Mevalonatweg (Fettsäurebiosynthese) zugeordnet.

Heute geht man von dem Biosyntheseweg nach **Rhomer** (auch Methylerythritolweg) aus: Als zentraler Baustein steht das Isopentenylpyrophosphat (IPP) oder sein Isomer Dimethylallylpyrophosphat (DMAPP) zur Verfügung (Abb. 4.8).

Zuerst reagieren zwei aktivierte Essigsäuremoleküle (Acetyl-CoA) mittels Claisen-Kondensation zum aktivierten Acetessigester (Acetoacetyl-CoA). Dieser reagiert in einer aldolartigen Reaktion zunächst zum Hydroxymethylglutanyl-CoA (HMG-CoA). Mit Hilfe von Thioester und unter Oxidation von NADPH entsteht die Mevalonsäure (MVA), welche unter ATP- und CO_2-Abspaltung zu Isopentylpyrophosphat phosphoryliert wird. Durch säurekatalysierte Umwandlung entsteht das Isomer DMAPP, welches unter Abspaltung von Pyrophosphat mit einem Molekül IPP verknüpft werden kann und letztendlich das Monoterpen Geranylpyrophosphat (GPP) bildet.

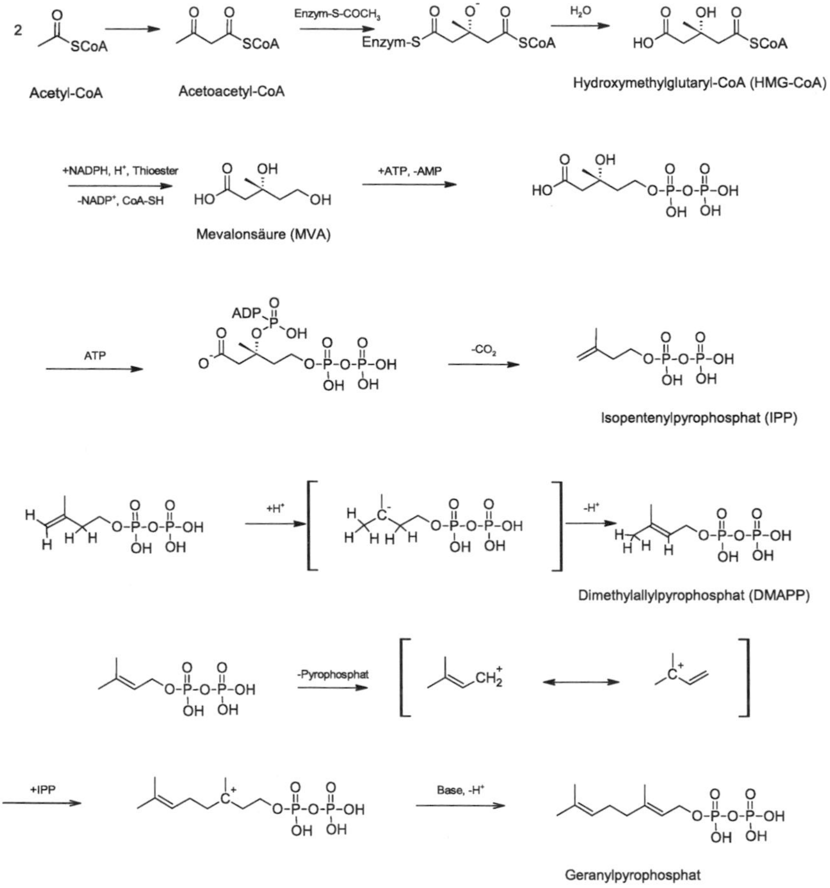

Abb. 4.8 Biosynthese von Terpenen.

Über weitere Verknüpfungen oder Cyclisierungen durch Umlagerungen entsteht eine Vielzahl von Terpenen. Ihr Abbau kann oxidativ oder durch Dehydrierung zu Aromaten erfolgen (Abb. 4.9).

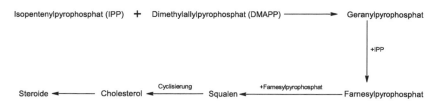

Abb. 4.9 Weitere Verknüpfung der Isopreneinheiten.

Hintergrundinformation

Die Terpene sind der Grund dafür, dass anishaltige Getränke milchig werden, wenn Eis hinzugegeben wird. Dieser Effekt wird **Louche Effekt** genannt. Die Terpene in Anissamen sind in Alkohol löslich, bilden bei Zugabe von Wasser jedoch kleine Öltröpfchen (Agglomerate). Diese Tröpfchen haben jedoch nur eine Größe von unter einem Mikrometer, sodass wir sie mit bloßem Auge nicht wahrnehmen können. Stattdessen sehen wir eine Trübung, die durch die Brechung des Lichtes an jeder Grenze zwischen Wasser und Öl entsteht. Der Louche Effekt ist also physikalisch bedingt und nicht durch eine chemische Reaktion.

Farbstoffe – von Lichtquanten bis Indigo*

5

Alle Stoffe, die wir in einer bestimmten Farbe sehen können, absorbieren Licht in den Wellenlängen zwischen 380 und 780 nm. Das absorbierte Licht ist komplementär zu der Farbe, die wir wahrnehmen. Wir sehen also die Farbe des emittierten Lichtes. Tab. 5.1 zeigt die Farben verschiedener Wellenbereiche und ihre jeweiligen Komplementärfarbe.

Hintergrundinformation

Beim Auftreffen von Lichtquanten wird das Energieniveau angehoben, indem Elektronen in Atomen auf die höhere Schale „springen". Die Energiedifferenz ist proportional zur Wellenlänge: $E = h*v$ (h = Planckkonstante, v = Frequenz des Lichtes). Daraus folgt, dass der Energieunterschied zwischen zwei Energieniveaus bestimmt, welche Wellenlänge absorbiert wird und bei welchen Wellenlängen die Energie nicht ausreicht um das Elektron auf ein höheres Energieniveau zu bringen. Bei Letzterem wird das Licht nur gestreut oder reflektiert.

---

*(Vollhardt 2011) (Bruice 2011) (Hart et al. 2007).

© Springer Fachmedien Wiesbaden 2017
F. Ebner et al., *Naturstoffe und Biochemie,* essentials,
DOI 10.1007/978-3-658-15439-4_5

Tab. 5.1 Farben
bei bestimmten
Wellenlängen und deren
Komplementärfarben.

Wellenlänge in nm	Farbe	Komplementär-farbe
380–430	Violett	Grün
430–480	Blau	Gelb
480–490	Grünblau	Orange
490–500	Blaugrün	Rot
500–580	Grün	Violett
580–595	Gelb	Blau
595–605	Orange	Grünblau
605–780	Rot	Blaugrün

Farbstoffe können aufgrund ihrer chemischen Eigenschaften (z. B. funktionelle Gruppen) andere Materialien färben. Da sie im zu färbenden Material löslich sind, können die Farbstoffe mit dem sogenannten Träger reagieren und dieser übernimmt die Farbe. Im Gegensatz dazu stehen die **Pigmente**. Sie sind in ihrem Anwendungsmedium nicht löslich und decken die Oberfläche nur ab. Deshalb ist das Deckvermögen besonders wichtig. Beispiele für Pigmente sind Lacke, Farbe und Schminke. Sie können als anorganische (aus Erde, Mineralien) oder organische (aus Pflanzen, Tieren) Pigmente natürlich vorliegen.

Auch Farbstoffe können in anorganisch/organisch, pflanzlich/tierisch und natürlich/synthetisch eingeteilt werden. In Tab. 5.2 werden einige Beispiele dargestellt.

Tab. 5.2 Beispiele für
Farbstoffe.

Einteilung	Beispiele
Anorganisch	Meist Pigmente, wie Chromgelb
Organisch	Indigo
Pflanzlich	Indigo, Chlorophyll
Tierisch	Purpur
Natürlich	Alle pflanzlichen und tierischen Farbstoffe
Synthetisch	Azofarbstoffe

Farbstoffe enthalten **konjugierte Chromophore (Chromogen)** und **Auxochrome**. Die Chromophore sind über ihr π-System für die Färbung an sich verantwortlich und die elektronenreichen Auxochrome (Bsp.: $-OH$; $-NH_2$; $-NR_2$; $-OCH_3$)

haben eine verstärkende Wirkung. Sie verschieben das Absorptionsspektrum in einen längerwelligen Bereich, auch Rotverschiebung genannt (**bathochromer Effekt**). Neben der Farbvertiefung können die funktionellen Gruppen der Auxochrome den Farbstoff mit dem zu färbenden Stoff verankern. **Hypsochrome** sind Substituenten mit − I-Effekt. Hier tritt der einzige Fall der Blauverschiebung auf. Ein Beispiel für Hypsochrome ist der Vergleich von Indigo und Purpur (Die Strukturformeln sind in den Abbildungen und gezeigt): Indigo ist das Chromophor. Es liegt im blauen Bereich (Wellenlänge: 430–480 nm). Durch elektronenreiche Bromatome tritt eine Blauverschiebung ein zum Purpur (Wellenlänge: 380–430 nm).

Eine große Gruppe bilden die **Azofarbstoffe,** mit der charakteristischen Azogruppe R–N = N–R. Sie werden synthetisch aus einem Anilinderivat gebildet, das zunächst durch salpetrige Säure zu einem Diazoniumsalz reagiert (**=Diazotierung**). Dieses greift daraufhin ein Benzolderivat elektrophil an und bildet durch eine Azokupplung den Azofarbstoff (vgl. Abb. 5.1).

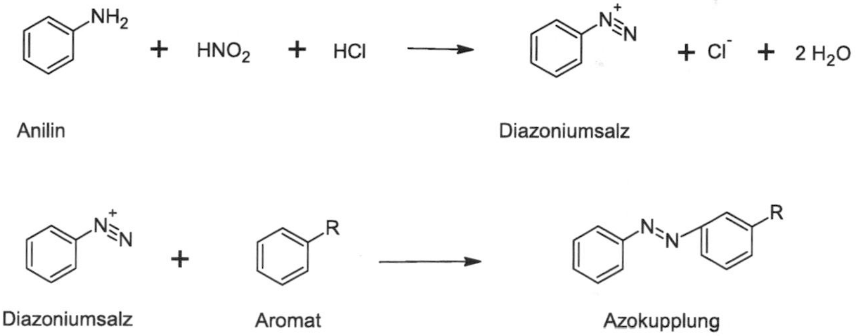

Abb. 5.1 Azokupplung.

Die Azofarbstoffe können nach der Anzahl ihrer Azogruppen unterteilt werden (Mono-, Di-, Polyazofarbstoffe). Der einfachste Azofarbstoff ist das Azobenzol, welches früher in Butter genutzt wurde, um ihr ihre gelbe Farbe zu verleihen. Da es heute als krebserregend eingestuft ist, ist die Verwendung nicht mehr erlaubt. Neben des reinen Färbens von Stoffen (z. B. Textilien, Lebensmittel, Holz, Papier), kommt den Azofarbstoffen als Säure-Base-Indikatoren eine weitere Bedeutung zu, da die Protonierung der Azogruppe vom pH abhängig ist. Bekannte Beispiele sind Methylrot und Methylorange (Umschlagpunkt 3,1–4,4; rot: saurer; gelb: basischer) (vgl. Abb. 5.2).

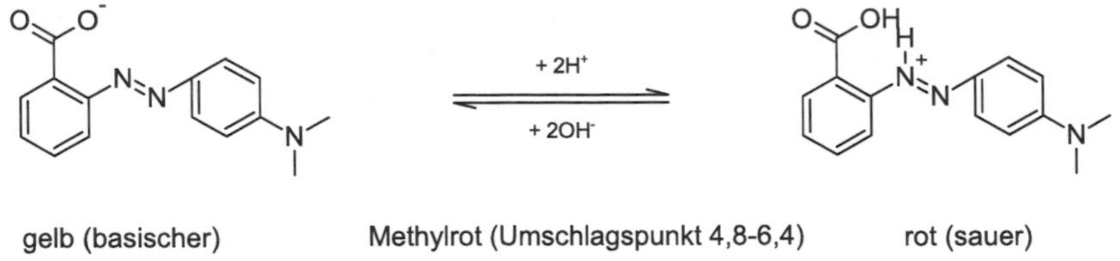

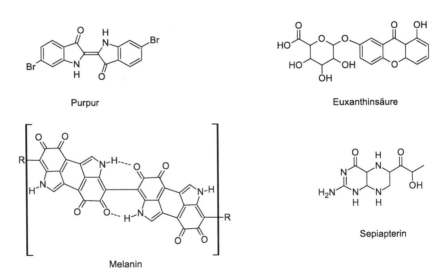

gelb (basischer) Methylrot (Umschlagspunkt 4,8-6,4) rot (sauer)

Abb. 5.2 Protonierung von Methylrot.

Die **natürlichen Farbstoffe** werden unterschieden in pflanzliche und tierische Farbstoffe. **Tierische Farbstoffe** werden meist aus den Körperflüssigkeiten oder Körperteilen von Tieren gewonnen (vgl. Abb. 5.3). Der Purpurfarbstoff wird zum Beispiel aus dem Drüsensaft der Purpurschnecke *Murex brandaris* gewonnen, Sepia hingegen aus dem Drüsensekret der Kopffüßler (z. B. Tintenfische). Letzteres entsteht unter anderem aus den Farbstoffen Melanin und Sepiapterin. Indischgelb (Calcium-/Magnesiumsalz der Euxanthinsäure) wurde ab dem 15. Jahrhundert für Ölmalereien verwendet. Es wurde bis 1921 aus dem Harn der Kühe extrahiert, aufgrund des Tierschutzes aber beispielsweise durch Kobaltgelb ersetzt.

Purpur

Euxanthinsäure

Melanin

Sepiapterin

Abb. 5.3 Purpur, Sepia und Indischgelb.

Zu den **pflanzlichen Farbstoffen** zählt beispielsweise Indigo. Er ist einer der ältesten genutzten Farbstoffe und wird aus der indischen Indigopflanze oder dem europäischen Färberwaid (Deutscher Indigo) gewonnen. Im reduzierten Zustand liegt er gelb vor, sobald er jedoch an der Luft oxidiert nimmt er seine typische tiefblaue Farbe an. Der Vorläufer des Farbstoffes Indikan liegt in den Blättern vor. Auch Henna *(Lawsonia inermis)* und Chlorophyll (verschiedene Pflanzen) kommen in den Blättern vor. Aber man findet Farbstoffe auch in Hölzern (Gelbholzextrakt: *Chlorophora tinctoria*), in Rinden (Querzitron: verschiedene Eichenarten), in Früchten (Kreuzbeerenextrakt: verschiedene Rhamnusarten), in Wurzeln (Kurkumin: Kurkumapflanze) und natürlich in den Blüten (Malvidin: verschiedene Pflanzenarten).

Viele natürliche Farbstoffe werden nicht mehr aus der Natur extrahiert, sondern synthetisch hergestellt. Ein beliebtes Experiment in der Universität ist die Herstellung und Färbung mit **Indigo** (vgl. Abb. 5.4). Dazu wird o-Nitrobenzaldehyd mit der Enolform des Acetons umgesetzt und es entsteht im basischen Milieu ein Imin. Dies wird zum Teil hydrolysiert, aber nicht vollständig umgesetzt, sodass das hydrolysierte Imin mit dem Imin reagieren kann und das Indigo gebildet wird. Die reduzierte Form liegt in Wasser gelb als Leukoindigo vor. In diesem Gemisch können Stoffe gefärbt werden. Beim Trocknen wird wieder zu Indigo oxidiert und der Stoff nimmt seine blaue Farbe an. Technisch kann der Farbstoff beispielsweise aus Anilin und Ethylenchlorhydrin (=2-Chlorethanol) hergestellt werden. Über verschiedene Schritte wird das Indoxylat erreicht, welches durch Oxidation zum Indigo reagiert.

Hintergrundinformation

Indigo gehört neben Anthrachinon, einige Naphtalin oder Perylen zu den Gerüstbildner der Küpenfarbstoffe. **Küpenfarbstoffe** sind wasserunlöslich. Sie werden in ihrer reduzierten Form (Leukoverbindungen, z. B. Indigo = gelb), in der sie leicht löslich sind, im Stoff aufgenommen und durch die Oxidation mit Luftsauerstoff verleihen sie dem zu färbenden Stoff ihre wasserechte Farbe.

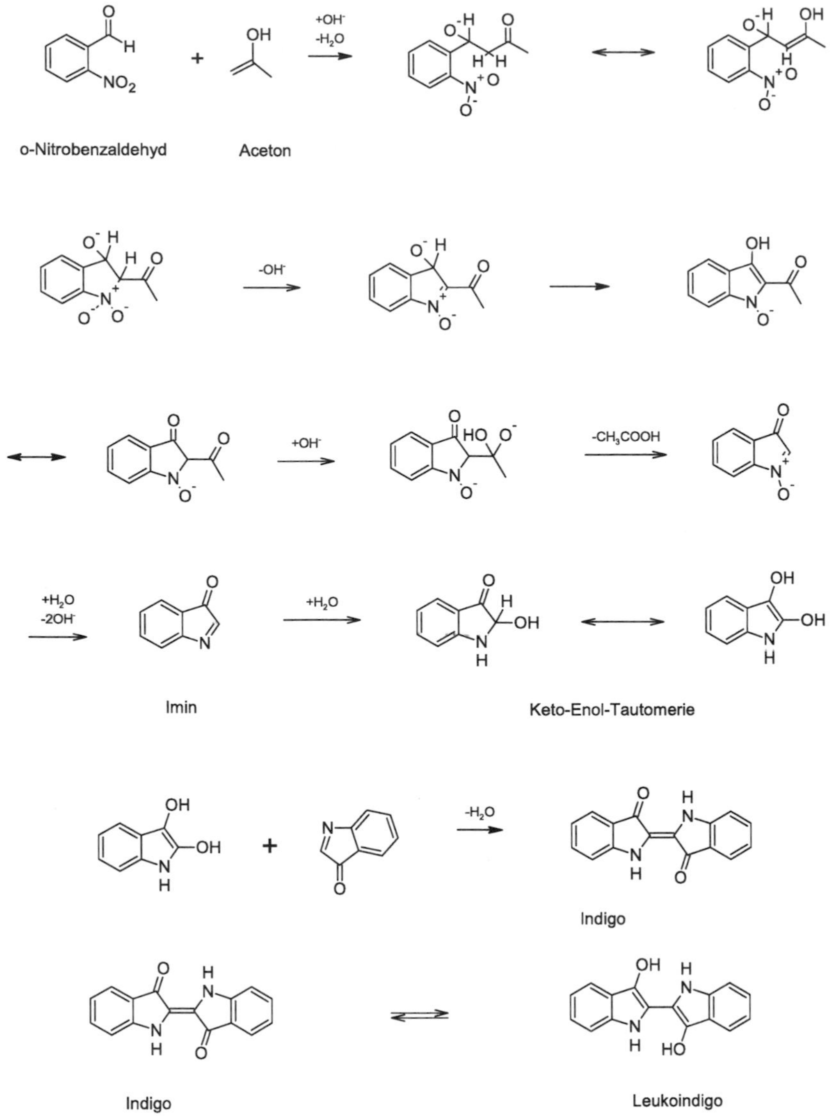
o-Nitrobenzaldehyd
Aceton
+OH⁻
-H₂O
-OH⁻
+OH⁻
-CH₃COOH
+H₂O
-2OH⁻
+H₂O
Imin
Keto-Enol-Tautomerie
-H₂O
Indigo
Indigo
Leukoindigo

Abb. 5.4 Reaktionsmechanismus Indigo.

Zusammenfassung

6

Die Chemie der Naturstoffe ist ein breites Gebiet, da Biomoleküle an verschiedensten Stellen in Organismen anzutreffen sind und unterschiedliche Funktionen ausführen. Dabei sind Kohlenhydrate die am häufigsten in der Natur vorkommenden, gebundenen, organischen Substanzen und können in der Form von Mono-, Di-, Oligo- oder Polysacchariden untergliedert werden. Sie dienen als Energiespeicher und werden beispielsweise mittels Fotosynthese gewonnen.

Aminosäuren besitzen eine Carbonsäure- und eine Aminofunktion und stellen die Grundbausteine des Lebens dar. Durch die Verknüpfung einzelner Aminosäuren über Peptid-/Amidbindungen entstehen Peptide und Proteine. Aufgrund intra- und intermolekularer Wechselwirkungen bilden Proteine eine dreidimensionale Struktur aus, welche für ihre biologische Funktion essenziell ist.

Nukleinsäuren, wie die Desoxyribonukleinsäure (DNA) und die Ribonukleinsäure (RNA), fungieren im Organismus als Speicher der genetischen Information. Sie sind aus Nukleotiden aufgebaut, welche aus einem Zucker (Desoxyribose für DNA und Ribose für RNA), einer Phosphatgruppe und einer Stickstoffbase (Adenin, Guanin, Cytosin, Thymin oder Uracil) bestehen. Auch hier kann über intramolekulare Wechselwirkungen, den Wasserstoffbrücken, eine dreidimensionale Struktur, die sogenannte DNA-Doppelhelix, entstehen. RNA hingegen ist einzelsträngig aufgebaut und kann im Organismus unterschiedliche Aufgaben erfüllen, wie zum Beispiel als rRNA (ribosomale RNA), mRNA (messenger RNA) oder tRNA (transport RNA). Bei der Transkription erfolgt die „Übersetzung" der DNA in mRNA, welche in der Proteinbiosynthese (Translation) an den Ribosomen in ein Protein überschrieben wird.

In der Klasse der Lipide werden verschiedene Moleküle aufgrund ihrer hydrophoben Eigenschaften zusammengefasst. Diese sind nicht in polaren Lösungsmitteln (z. B. Wasser) löslich. Lipide kommen im Organismus in sehr unterschiedlichen

© Springer Fachmedien Wiesbaden 2017
F. Ebner et al., *Naturstoffe und Biochemie,* essentials,
DOI 10.1007/978-3-658-15439-4_6

Funktionen zum Einsatz, wie beispielsweise zum Aufbau von biologischen Membranen (Phospholipide), als Energiespeicher (Triglyceride) oder als Signalmoleküle. Triglyceride bestehen aus einem Glycerin-Molekül, welches mit unterschiedlichen Fettsäuren verestert wurde. Fettsäuren können wiederum in zwei Kategorien eingeteilt werden: gesättigte (keine Doppelbindungen vorhanden) und ungesättigte (Doppelbindungen vorhanden). Als Omega-n-Fettsäuren werden dabei Fettsäuren bezeichnet, bei welchen die Position der ersten Doppelbindung vom Omega Ende her bestimmt wurde. Omega-3-Fettsäuren zählen zu den essenziellen Fettsäuren. Die Ester der Fettsäuren werden als Fette, Öle und Wachse bezeichnet. Fette und Öle sind die Ester des dreiwertigen Alkohols Glycerin (1,2,3-Propantriol). Wachse hingegen entstehen durch die Veresterung von längerkettigen Fettsäuren mit einem primären Alkohol. Der Unterschied zwischen Fette und Öle liegt in ihrem Aggregatzustand bei Raumtemperatur, Fette sind fest und Öle flüssig. Zur Bestimmung der Güte bzw. Qualität eines Fettes werden verschiedene Kennzahlen, wie beispielsweise die Säure-, die Verseifungs-, die Ester- und die Iodzahl, herangezogen.

Terpene gehören zu der Klasse der Lipide und besitzen ebenso hydrophobe (lipophile) Eigenschaften. Sie sind aus einzelnen Isopreneinheiten aufgebaut, welche über das Kopf- oder das Schwanzende miteinander verbunden sein können. In der Natur treten Terpene häufig als Bestandteile von Duftstoffen, Farbstoffen und Steroiden auf. Die Einteilung der Terpene erfolgt nach der Anzahl ihrer Isopreneinheiten und nach deren Zyklisierungsgrad.

Das Stoffgebiet der Farbstoffe ist in sich sehr umfangreich und umfasst für sich alleine bereits zahlreiche Verbindungen. Im Allgemeinen können Farbstoffe aufgrund ihrer chemischen Eigenschaften (z. B. funktionelle Gruppen) andere Materialien färben. Sie sind im zu färbenden Material löslich. Pigmente hingegen sind im Anwendungsmedium nicht löslich. Sie decken lediglich die Oberfläche ab. Farbstoffe erhalten ihre Farbe durch die konjugierten Chromophore und verstärken diese durch Auxochrome. Kommt es dabei zu einer Verschiebung des emittierten Lichtes in einen Bereich höherer Wellenlängen (energieärmer) wird dies bathochromer Effekt genannt. Eine Verschiebung zu kürzeren Wellenlängen und damit zur höheren Energie wird hypsochromer Effekt genannt. Die Einteilung bei Farbstoffen erfolgt zwischen anorganisch/organisch, natürlich/synthetisch hergestellten und pflanzlich/tierischer Herkunft.

Was Sie aus diesem *essential* mitnehmen können

- Einen kompakten Überblick über primäre und sekundäre Naturstoffe
- Einen Einstieg in die chemischen Grundlagen der Biochemie

© Springer Fachmedien Wiesbaden 2017
F. Ebner et al., *Naturstoffe und Biochemie*, essentials,
DOI 10.1007/978-3-658-15439-4

Verwendete und weiterführende Literatur

Berg, J. M., Tymoczko, J. L., & Stryer, L. (2013). *Stryer Biochemie* (7. Aufl.). Heidelberg: Springer.

Beyer, H., & Walter, W. (2004). *Lehrbuch der organischen Chemie* (24. Aufl.). Stuttgart: S. Hirzel.

Breitmaier, E., & Jung, G. (2012). *Organische Chemie*. Stuttgart: Georg Thieme.

Bruice, P. Y. (2011). *Organische Chemie* (5. Aufl.). München: Pearson.

Chmiel, H. (2011). *Bioprozesstechnik* (3. Aufl.). Heidelberg: Spektrum.

Clayden, J., Greeves, N., & Warren, S. (2012). *Organic Chemistry* (2. Aufl.). Oxford: Oxford University Press.

Graw, J. (2010). *Genetik* (4. Aufl.). Heidelberg: Springer.

Habermehl, G., Hammann, P., Krebs, H., & Ternes, W. (2008). *Naturstoffchemie*. Heidelberg: Springer.

Hart, H., Craine, L. E., Hart, D. J., & Harold, C. M. (2007). *Organische Chemie* (3. Aufl.). Weinheim: Wiley.

Munk, K. (2008). *Taschenlehrbuch Biologie – Biochemie, Zellbiologie*. Stuttgart: Georg Thieme.

Nelson, D. L., & Cox, M. M. (2009). *Lehninger Biochemie*. Heidelberg: Springer.

Vollhardt, K. P. C. (2011). *Organische Chemie* (5. Aufl.). Weinheim: Wiley.

© Springer Fachmedien Wiesbaden 2017
F. Ebner et al., *Naturstoffe und Biochemie,* essentials,
DOI 10.1007/978-3-658-15439-4

Printed in the United States
By Bookmasters